我最爱吃的豆料理

贺师傅教你严选食材做好菜　广受欢迎的各种食材料理

加　贝◎著

译林出版社

图书在版编目(CIP)数据

我最爱吃的豆料理 / 加贝著 . -- 南京 : 译林出版社 , 2015.4
(贺师傅幸福厨房系列)
ISBN 978-7-5447-5439-2

Ⅰ . ①我… Ⅱ . ①加… Ⅲ . ①豆制食品－菜谱 Ⅳ .
① TS972.123

中国版本图书馆 CIP 数据核字 (2015) 第 086968 号

书　　名 我最爱吃的豆料理
作　　者 加　贝
责任编辑 王振华
特约编辑 曹会贤
出版发行 凤凰出版传媒股份有限公司
译林出版社
出版社地址 南京市湖南路1号A楼，邮编：210009
电子信箱 yilin@yilin.com
出版社网址 http://www.yilin.com
印　　刷 北京京都六环印刷厂
开　　本 710×1000毫米　1/16
印　　张 8
字　　数 29千字
版　　次 2015年6月第1版　　2015年6月第1次印刷
书　　号 ISBN 978-7-5447-5439-2
定　　价 25.00元

目录

鲜香四溢 热炒豆料理

清香爽口 凉拌豆料理

CONTENTS

绵香滑嫩 炖烧焖豆料理

醇香浓郁 蒸煮卤豆料理

豆类的品种及营养价值

豆类的品种很多，主要有大豆、绿豆、赤豆、黑豆、豌豆、蚕豆等。
根据豆类的营养素种类和数量可将它们分为两大类。
一类是以黄豆为代表的高蛋白质、高脂肪豆类；
另一类则是以绿豆和赤豆为代表的高碳水化合物豆类。
豆类不但可直接作为食材食用，还可以制成调味品。

大豆

大豆营养全面，蛋白质含量高，质量好，易吸收，大豆脂肪含有丰富的不饱和脂肪酸，适合动脉硬化患者食用。大豆含有的钙、磷、钾、铁、锌、碘、钼等成分也于身体有益。

绿豆

绿豆含蛋白质、脂肪、碳水化合物、维生素 B 族、胡萝卜素、叶酸、钙、磷、铁等，与小米共煮，还能更提高营养价值。绿豆有显著的降脂和抗敏作用，还可用于解毒。

赤豆

含多种营养成分，热量、蛋白质、膳食纤维、碳水化合物、钙、铁、维生素 E、烟酸、镁、磷、钾、碘、锰、铜与同类食物相比均高于平均值，适合煮粥和制作糕点。

黑豆

黑豆高蛋白，低热量，优质蛋白比黄豆高出约 1/4，是各种豆类之首。黑豆有降低胆固醇、补肾益脾、祛痰止喘、排毒减肥、改善贫血等保健价值，是一种优秀的健康食材。

蚕豆

蚕豆含蛋白质、碳水化合物、粗纤维、磷脂、胆碱、烟酸、维生素 B 族和多种矿物质，有煮、炒、炸、炖等多种烹调方式，老人、脑力工作者、考试期学生食用均有好处。

豌豆

豌豆具有很高的食疗价值，可调和脾胃、通肠利便、抗菌消炎、调颜养身、通乳下奶、防癌治癌，适合慢性腹泻患者和哺乳期妇女食用。

6 种豆类的最佳吃法

大豆

大豆加工成豆腐、豆皮等豆制品后，钙含量明显增加。而且大豆制品吃起来方便，每天喝足量的豆浆不失为补钙的良好方式。日常多吃大豆烹成的黄豆炖猪蹄，也能够起到美容、补钙的作用。

红豆

红豆与大米配合熬成粥，有利于营养吸收，口感也更润滑，更可以健脾养血、除湿生津。日常食疗可将红豆与鲫鱼或鲤鱼一起熬汤，有健脾补水的功效。

绿豆

绿豆除熬成绿豆汤，用于夏日清热解暑外，还可做成绿豆沙来吃。食用绿豆沙不仅可以摄入更多的维生素A、B、C，还能补充更多的膳食纤维。绿豆与海带、芹菜同煮，更能降血压、血脂。

黑豆

黑豆与羊肉一起炖，能滋阴补阳，尤其适合肾虚的人食用。用黑豆制成的豆浆、豆腐，可治疗白发、脱发。黑豆还可制成豆豉、豆酱等调味品。

豌豆

豌豆养肝益气，含有大量的维生素 C，能够增强人体免疫力。豌豆与鱼片、虾或五花肉一起炒，可以补肝脾；人们常用豌豆烹制炒饭，如豌豆火腿炒饭，即是深受欢迎的日常美食。

芸豆

芸豆学名菜豆，富含维生素 C、蛋白质、钙等，鲜嫩荚可作蔬菜食用，如清炒蒜末芸豆，清爽鲜香。

 常用豆制酱料一览

豆瓣酱

豆瓣酱是以蚕豆为主要原料，发酵制成的一种红褐色调味料，味道鲜香，在华北、江南以及四川盆地都有广泛应用，尤以四川的郫县豆瓣酱最负盛名。

大　酱

又名黄酱，是以黄豆和面粉为主要原料，经蒸煮、捣碎、制曲、发酵等工艺酿造而成的咸鲜口味的调味品，是东北一带餐桌必备调味品。

豆　豉

豆豉是以黑豆或黄豆为主要原料缓慢发酵而成的，以乌黑发亮、颗粒完整、口感松软无霉腐味为佳。江南一代常以之作为调料，也可直接蘸食。

酱　豆

酱豆是以黄豆、面粉、盐、西瓜、八角为原料，经发酵和腌制而制成的酱料。酱豆可加香油直接食用，也可以炒食，在河南和河北一代广为流行。

• 书中计量单位换算

1小勺盐≈3g
1小勺糖≈2g
1小勺淀粉≈1g
1小勺香油≈2g
1小勺酵母粉≈2g

1大勺淀粉≈5g
1大勺酱油≈8g
1大勺醋≈6g
1大勺蚝油≈14g
1大勺料酒≈6g

1碗标准

1碗水≈250ml
1碗面粉≈150g

鲜香四溢
——热炒豆料理

麻辣鲜香的麻婆豆腐，
酸爽醇厚的酸豆角炒腊肉，风味独特的肉末臭豆腐，
清新爽口的荷兰豆炒虾球，
豆与猛火热油碰撞，激发出热情的浓香。

麻婆豆腐

做肉末臭豆腐时，
要用大火爆炒，快速翻炒
加入配料出锅。

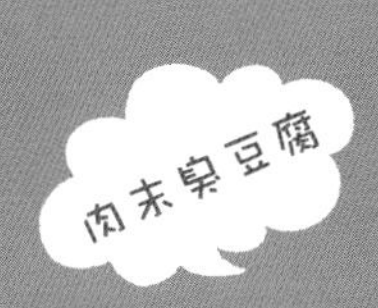

四川麻婆豆腐

材料： 豆腐1块（约400g）、蒜4瓣、姜1块、香葱1根、红辣椒1根、牛肉1块（80g）

腌料： 料酒1大勺、酱油1小勺

调料： 盐1.5小勺、油3大勺、郫县豆瓣酱2大勺、开水1碗、生抽1大勺、黄酒1小勺、水淀粉2大勺、花椒粉1小勺、辣椒油2大勺

豆腐怎么煮才不容易破碎?

豆腐切块后，放入盐水中浸泡，盐分会使豆腐中的蛋白质凝固，以免做菜时豆腐出水、破碎。此外，豆腐在锅中烧制时，通过晃动锅子来让豆腐成熟、入味，尽量少用锅铲翻动豆腐块。

“豆腐是补益清热的养生佳品，
常吃豆腐可清热润燥、补中益气，适合燥热体质、肠胃功能失常者食用。
现代科学证实，豆腐除了帮助消化、增进食欲外，
对牙齿、骨骼的发育也大有裨益。”

制作方法

1. 豆腐洗净，切成2cm小块；锅中加水，放1小勺盐，大火煮至豆腐块浮起时捞出。

2. 蒜、姜去皮，切末；香葱洗净，切成葱花；红辣椒洗净，切圈，备用。

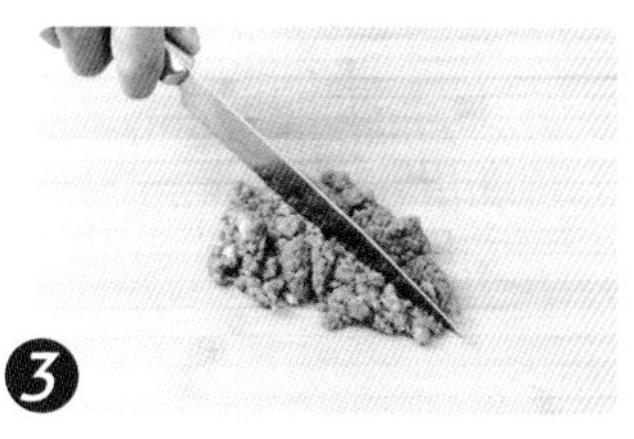

3. 牛肉洗净，剁成肉末，加入腌料，腌制15分钟。

4. 炒锅放入3大勺油，中火烧至五成热，下入蒜、姜、牛肉末，煸炒至肉末变色。

五成热：油面偶尔有小小的气泡冒出

5. 接着转小火，下入郫县豆瓣酱煸炒，慢慢炒出红油。

6. 然后将煮过的豆腐倒入锅中。

7. 再倒入开水、生抽、黄酒和半小勺盐，加水淀粉调味，轻晃炒锅，使豆腐均匀沾裹汤汁。

边摇锅，边用铲子贴着锅边推动豆腐，以免豆腐糊锅

8. 大火烧制3~5分钟，待汤汁浓稠后，倒入花椒粉、辣椒油调味。

9. 最后，撒上葱花和红辣椒圈，即可出锅。

毛豆鸡丁

材料： 毛豆1碗、鸡胸肉1块、柿子椒1个、姜1小块、蒜3瓣、大葱1小段

调料： 淀粉1大勺、料酒1大勺、油1大勺、生抽1大勺、白糖1小勺、盐1小勺

毛豆鸡丁怎么做才能豆色翠绿?

毛豆洗净后，先用微波炉高火波熟，炒时就不需费时。鸡肉用淀粉腌制，可增加其滑嫩度。下锅炒时讲求大火快炒，若炒得太久容易使肉质变老。盐到最后再放，可以使毛豆保持翠绿的颜色。

制作方法

1 毛豆剥去壳，用清水洗净后，加水放入锅内大火7分钟煮熟。

2 鸡胸肉洗净，切丁，放入碗中，加入淀粉、料酒抓匀，腌制15分钟。

3 柿子椒洗净、去蒂，切大丁备用。

4 姜洗净、去皮，切成细末；蒜剥皮，切成细末；大葱洗净，切成葱粒。

5 锅内倒入油，烧热后下姜末、蒜末、葱粒爆香。

6 放入切成丁的鸡胸肉，大火快速翻炒。

7 待鸡胸肉稍变色，即加入生抽和白糖翻炒均匀。

8 锅铲可轻松切开鸡肉时，加入毛豆、柿子椒翻炒约1分钟。

9 放入盐调味，继续翻炒约1分钟，即可关火盛出。

荷兰豆炒虾球

材料：荷兰豆1碗、鲜虾12只、姜末1小勺、蒜末1小勺、葱粒1小勺

调料：淀粉1大勺、蚝油1小勺、清水1/3碗、油1大勺、盐1小勺

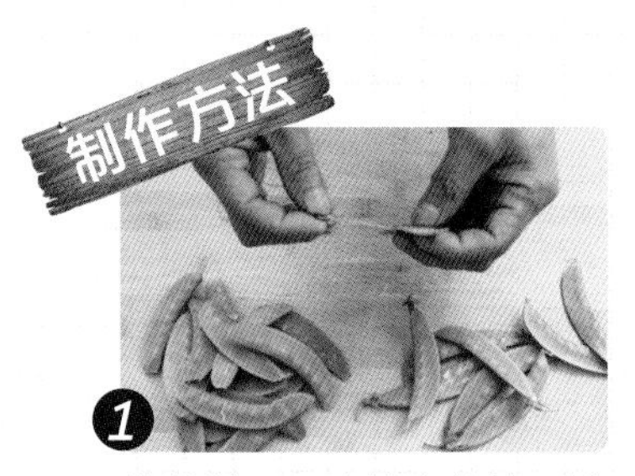

将荷兰豆两头的尖掐掉，清水洗净备用。

剥掉鲜虾的虾头和虾壳，用牙签将虾背和虾腹的2条虾线挑出来。

用刀在虾背上片一刀，刀深约为虾的2/3。

碗中放入淀粉、蚝油，加适量清水搅拌均匀，备用。

锅内倒入清水，大火烧开后，放入荷兰豆焯烫约1分钟后捞出。

把虾仁也放入锅中焯水，至七成熟后捞出备用。

将锅中水倒掉，烧干后放油，油热后下姜末、蒜末、葱粒爆香。

放入荷兰豆和虾仁，大火翻炒约30秒后加盐。

淋入调好的淀粉汁，翻炒均匀后即可盛出。

荷兰豆富含人体所需的各种营养物质，其中粗纤维的含量很高，
可以促进大肠蠕动，清洁大肠，保持大便通畅。
荷兰豆含有一般蔬菜中少有的赤霉素、植物凝素等，
有抗菌消炎、增强代谢的作用。

“蚕豆中含有钙、锌、锰、磷脂等调节大脑和神经组织的重要成分，
并富含胆石碱，有健脑益智的良好功效。
其中的钙有利于骨骼对钙的吸收和钙化，
从而更好地促进人体骨骼的生长发育，增强骨骼。”

清炒鲜蚕豆

材料：红椒1个、黄椒1个、蒜3瓣、香葱2根、鲜蚕豆1碗

调料：油2大勺、盐1小勺、白糖1小勺

清炒鲜蚕豆怎样做才能鲜香爽口?

蚕豆下锅炒时，火候一定要大，确保蚕豆充分受热。加盖焖煮的时间不宜过长，以保持蚕豆本身的青绿。最后，烧熟的蚕豆会有一种苦涩的味道，一定要加入少量白糖，以去除涩味，增加口感。

制作方法

1 红椒和黄椒洗净，切成小块备用。

2 蒜剥皮，用刀拍裂后切末，备用。

3 香葱洗净，切粒备用。

4 锅中倒入油，烧热后下蒜末、葱粒爆香。

5 放入红椒块、黄椒块，大火翻炒至熟后，盛出备用。

6 锅中留底油，放入蚕豆大火翻炒。

7 倒入适量清水，加盖中火焖煮约5分钟。

8 当蚕豆表面裂开后，加盐翻炒约1分钟，倒入炒好的椒块。

9 最后加入1小勺白糖，再略微翻炒至白糖完全融化即可。

香干炒腊肉

材料： 香干4块、腊肉1块（约50g）、姜1块、蒜5瓣、青蒜3根、红辣椒4个、豆豉1大勺

调料： 油1大勺、花椒粉1小勺、生抽1大勺、盐0.5小勺、白糖1小勺、清水1大勺

制作方法

1 香干洗净，放入水中浸泡5分钟，切成0.2cm宽、4cm长的条状。

2 腊肉入滚水中煮10分钟后，捞出，切薄片，备用。

3 姜去皮，切末；蒜去皮，切片。

4 青蒜洗净，放入盐水浸泡5分钟后切5cm长的段；红辣椒洗净，切段，备用。

5 锅烧热，加1大勺油，放入切好的腊肉，炒至出油。

6 接着下入姜末、红辣椒段、豆豉爆香，加花椒粉调味。

7 放入香干，炒至表面干黄微焦，去除香干的豆腥味。

8 再依次加入生抽、盐、白糖、清水调味。

9 最后，放入青蒜，炒至干爽，就可以出锅了。

“做香干炒腊肉时，先要将腊肉煸至出油，
使腊肉干香入味，再下入红辣椒、豆豉、姜末爆香，
等腊肉油脂香味与其他香料融合，
肉香味便会更加浓郁。若腊肉太咸，则少加盐。”

黄豆芽炒粉条

材料： 黄豆芽1袋、粉条1把、里脊肉1块、柿子椒1个、海带1片、干辣椒1个、姜末1小勺、蒜末1小勺、葱粒1小勺

调料： 油2大勺、盐1小勺　　**调味汁料：** 盐1小勺、生抽1大勺、料酒1大勺、生粉1大勺

黄豆芽炒粉条怎样做才能软脆相宜？

粉条先用温水泡软后，再入锅煮熟，能最大程度地保持粉条的糯软。用炒过肉丝的油继续炒黄豆芽，可增加香郁度。最后，为增加整道菜的脆感，可在快关火时再倒入青椒，稍微翻炒一下即可出锅。

制作方法

1 黄豆芽摘洗干净、备用。

2 粉条用温水泡软，再用开水煮熟后盛出，备用。

3 里脊肉洗净，切丝，用调味汁料腌制15分钟。

4 柿子椒洗净、去蒂，切丝备用。

5 海带冲洗干净，切丝；干辣椒洗净，斜切成丝备用。

6 锅中倒入油，油热后放入肉丝翻炒至熟后，盛出。

7 锅中留底油，下姜末、蒜末、葱粒爆香后，倒入黄豆芽翻炒均匀。

8 放入粉条和海带，加盐及半碗清水。

9 盖上锅盖，中火焖10分钟后，倒入炒好的肉丝、柿子椒丝、干辣椒丝，炒10秒钟即可关火盛出。

清炒蒜末芸豆

材料：芸豆1碗、胡萝卜1/4个、蒜6瓣

调料：油1勺、盐1小勺、白糖1小勺、蚝油1小勺

制作方法

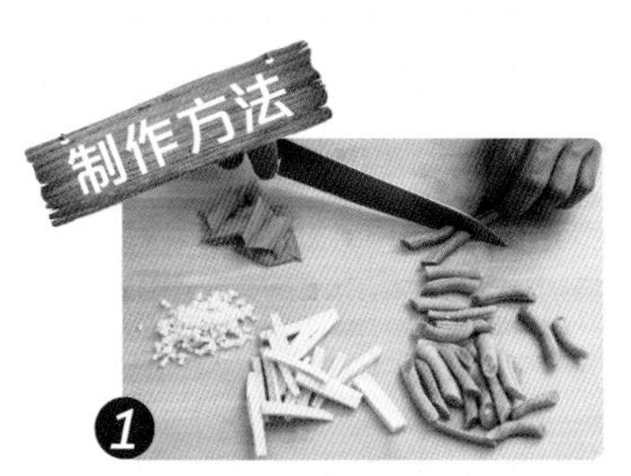

1 芸豆洗净，掐掉两端，斜切成段；胡萝卜洗净、去皮，切片；蒜用刀拍扁后去皮，切末。

2 锅中倒入油，待油烧至七成热，下入蒜末，小火爆香。

3 接着放入胡萝卜片，煸炒半分钟，使胡萝卜充分吃油。

4 放入芸豆，转中火继续翻炒约1分钟。

5 加入盐、白糖、蚝油等调味料，翻炒均匀。

6 再加2大勺清水，转大火翻炒至芸豆熟透，汤汁收浓，即可盛出。

清炒蒜末芸豆怎样做才能清爽鲜香?

蒜末要先用油爆香，可以增强蒜的香味。芸豆下锅后，要记得用大火快炒，以保持其颜色翠绿。最后加入 2 大勺清水，一来可以保持颜色的清爽度，二来可防止芸豆过焦，同时确保芸豆熟透且更入味。

30 分钟
初级
2 人

干煸豆角

材料： 豆角1把、姜1块、蒜2瓣、四川芽菜2大勺、干辣椒3个、猪肉馅半碗

调料： 料酒2大勺、淀粉1小勺、生抽1.5大勺、油2碗、盐1小勺

制作方法

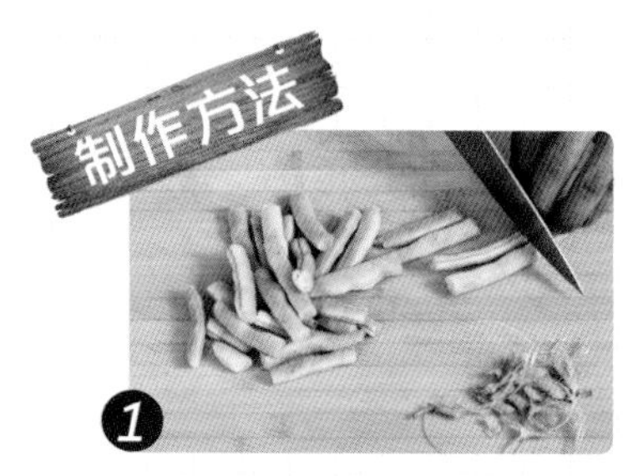

1 豆角洗净，撕去老筋，切成5cm长的段。

2 姜去皮、洗净，切末；蒜去皮、拍扁，切碎。

3 四川芽菜用刀剁细；干辣椒切成小段，备用。

4 猪肉馅放入碗中，加入料酒、淀粉、生抽，搅拌均匀腌制。

5 锅中倒入2碗油，大火烧热，待油面冒起烟时，倒入豆角，中火炸至豆角表皮微微起皱，捞出、滗油。

6 锅中留少许底油，放入腌好的猪肉馅，中火炒至变色。

7 加入四川芽菜、干辣椒段、姜末、蒜碎，炒出香味。

8 然后放入炸过的豆角段，翻炒均匀。

9 最后，加盐调味，继续翻炒，直至水分收干即可。

肉末炒熟后，加入芽菜、干辣椒、姜蒜，要多炒一会儿，
使肉末吸收芽菜等辅料的味道；
豆角必须做熟，因此先炸后炒是快速做菜的秘诀，
炸过的豆角会有一股独特的焦香味，使这道菜更加干香入味。

20分钟　中级　3人

酸豆角炒腊肉

材料： 酸豆角1把、青蒜1根、红椒2个、姜1块、蒜3瓣、腊肉1块、剁椒2大勺

调料： 油1大勺、糖1小勺

酸豆角用温水浸泡一会儿，减轻咸味后，切成约3cm长的小段。

青蒜洗净，切段；红椒洗净，切段；姜、蒜洗净，切末，备用。

腊肉用蒸锅稍微蒸一下，切成片。

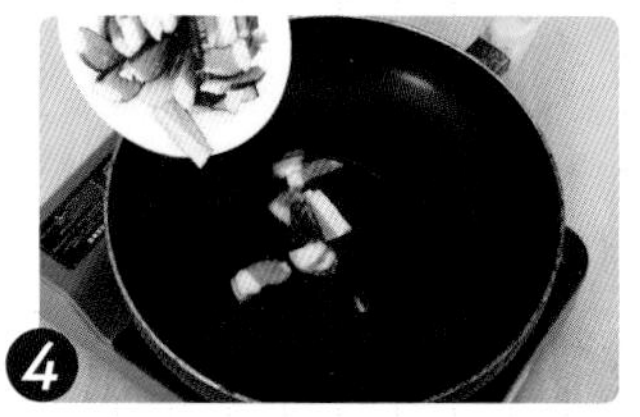

炒锅中倒油烧热，放入腊肉，小火炒香，炒至肥肉变透明。

然后下入青蒜、姜蒜末，继续煸炒，炒出香味。

接着放入酸豆角、红椒、剁椒，加糖调味，大火翻炒均匀后盛出即可。

酸豆角炒腊肉怎么做才咸香可口？

将酸豆角用温水浸泡一会儿，可以减轻咸味；腊肉放蒸锅蒸一下，炒制时较易成熟。另外，由于腊肉和酸豆角本身咸味就较重，所以不需要再放盐，而加白糖调味，不仅可以中和咸味，还能够提香提鲜。

30 分钟
初级
4 人

芹菜炒香干

材料： 芹菜1把、香干4片、胡萝卜1/4根、蒜2瓣、姜1块、葱1段

调料： 油1大勺、盐1大勺、白糖1小勺、生抽1大勺、胡椒粉1小勺

“芹菜含有丰富的碳水化合物、胡萝卜素、B 族维生素、
钙、磷、铁、钠等，有清脂降压的功效；
豆干含有多种矿物质，可补充钙质，防止因缺钙引起的骨质疏松，
促进骨骼发育，对小儿、老人的骨骼生长极为有利。”

制作方法

1 芹菜洗净、去叶，斜切成4cm长的段；香干用水冲一下，切成条状；胡萝卜洗净、去皮，切丝。

2 蒜洗净，切末；姜、葱均去皮、洗净，切丝，备用。

3 锅中倒入清水，大火烧开后放入切好的芹菜和胡萝卜，焯烫1分钟后捞出。

4 锅中倒油，烧热后放入葱丝、姜丝、蒜末爆香。

5 放入香干翻炒1分钟，然后放入芹菜和胡萝卜，继续翻炒均匀。

6 加入盐、白糖、生抽、胡椒粉，大火翻炒均匀，即可。

芹菜炒香干怎么做才能咸香可口？

做芹菜炒香干时，事先把芹菜放到水中焯熟，翻炒时更易熟透，而加入白糖、胡椒粉等调料，则可以去除芹菜的苦涩，与香干一起为这道菜提鲜，吃起来更加咸香可口。

干锅千页豆腐

材料：蒜苗5根、葱白1段、姜1块、蒜3瓣、千页豆腐1袋、五花肉1块

调料：油4大勺、郫县豆瓣酱2大勺、生抽3大勺、盐1小勺、白糖1小勺、香油1小勺

干锅千页豆腐怎么做才鲜香入味？

煮五花肉时，要将漂上水面的浮沫撇出，保证汤汁鲜香不腥。肉煮好后浸泡半个小时，可使猪肉吸汁，吃起来也比较鲜嫩多汁；炒底料时，郫县豆瓣酱一定要用小火炒香，待炒出红油后，即可加入其他食材。

“此菜包含豆腐中的植物蛋白和猪肉中的动物蛋白两种比较容易消化的蛋白质。豆腐营养丰富，清热益气，与猪肉搭配同吃，可以起到滋阴润燥、补充能量的作用，非常适合生长发育、体质虚弱的人食用。”

制作方法

1 蒜苗去根、洗净，切成段；葱白洗净，切成葱片和葱段；姜去皮，切成姜末和姜片；蒜去皮，备用。

2 千页豆腐洗净，切片，备用。

3 五花肉洗净，放入锅中，加清水、葱段、姜片，煮30分钟，煮成熟肉。

4 将熟肉放在肉汤中浸泡20分钟，然后捞出，切成薄片。

5 炒锅倒油烧热，爆香葱片、姜末、蒜后，放入郫县豆瓣酱，炒出红油。

6 倒入熟肉，炒出香味。

7 然后倒入千页豆腐翻炒，炒至豆腐变色。

8 接着加入生抽、盐和白糖调味，翻炒均匀。

9 最后，放入蒜苗炒软，淋入香油，盛入干锅中即可。

豌豆炒牛肉粒

材料： 蒜2瓣、小红辣椒3个、鲜豌豆半碗、鲜玉米粒半碗、牛里脊1块（约250g）、姜3片

调料： 白糖1小勺、生抽1小勺、料酒1小勺、淀粉1小勺、盐1小勺、油4大勺

蒜拍扁、去皮，切片；小红辣椒洗净，切成小圈；豌豆、玉米粒洗净，放入沸水中焯烫，捞出，备用。

牛里脊洗净，去除筋膜后，切成牛肉粒，放入碗中，加白糖腌10分钟。

接着加1大勺清水搅拌，加入姜片、生抽、料酒、淀粉和半小勺盐、1大勺油拌匀，腌15分钟。

炒锅先置于火上烧热，再倒入3大勺油，放入牛肉粒，大火翻炒半分钟。

牛肉烧炒六成熟时，放入切好的蒜片和小红辣椒圈，继续翻炒。

然后放入豌豆和玉米粒，加半小勺盐调味，翻炒均匀后起锅即可。

豌豆炒牛肉粒怎么做才软嫩鲜香?

做豌豆炒牛肉粒时，首先将豌豆粒焯烫一下，这样炒制时容易成熟；其次，牛肉去除筋膜后，用白糖、料酒、淀粉等抓匀腌制 15 分钟，可使牛肉软滑鲜嫩；腌肉时拌入少许生油，则可避免牛肉干硬。

50 分钟
中级

扁豆炒肉丝

材料： 扁豆1把、葱1段、姜1块、蒜3瓣、干辣椒3个、猪肉1块

调料： 水淀粉半碗、油1大勺、盐1大勺、生抽1大勺、高汤1大勺

制作方法

1 扁豆洗净，掐去两头和中间的丝，斜切成段。

2 葱洗净，切成葱花；姜、蒜去皮、洗净，分别切丝、切末；干辣椒洗净，斜切成段，备用。

3 猪肉洗净，切丝，用水淀粉上浆，备用。

4 锅中倒入清水，烧开后放入扁豆，焯熟后捞出。

5 净锅倒油，油热后依次倒入葱、姜、蒜与干辣椒爆香。

6 接着放入肉丝，大火煸炒2分钟，直至肉丝颜色变白。

7 然后放入扁豆，继续翻炒3分钟。

8 加入盐、生抽、高汤调味，翻炒均匀。

9 盖上锅盖焖半分钟，汤汁收浓后，即可盛出。

“扁豆含有对人体有毒的凝集素和溶血素，
做扁豆肉丝时先用沸水将扁豆焯熟再炒，可以保证食用安全；
肉丝用水淀粉上浆，可使口感更加鲜嫩爽滑；
翻炒时，爆香干辣椒，倒入高汤，可增加菜肴的鲜香味。”

20 分钟　初级　2 人

麻辣百页丝

材料： 百页2张、青椒1个、红椒1个、老姜1块、花椒15粒、八角4颗

调料： 辣椒粉1大勺、盐1大勺、油1碗、麻油1小勺

> 百页含有多种矿物质，可预防心血管疾病、保护心脏，
> 也可补充钙质，防止因缺钙引起的骨质疏松，
> 促进骨骼发育，适宜身体虚弱、营养不良、
> 气血双亏、年老羸瘦之人食用，脾胃虚寒者忌食。

制作方法

1. 百页洗净，焯烫后捞出、滗干，切丝备用。

2. 青红椒洗净，切圈；老姜去皮、洗净，切片。

3. 锅中放入辣椒粉、盐，拌炒均匀，备用。

4. 另取锅，倒油，放入花椒、八角、老姜片，小火加热至老姜片微微焦黄。

5. 将花椒、八角、老姜片捞出，将拌炒过的辣椒粉和盐倒入锅中，晾凉后即为麻辣油。

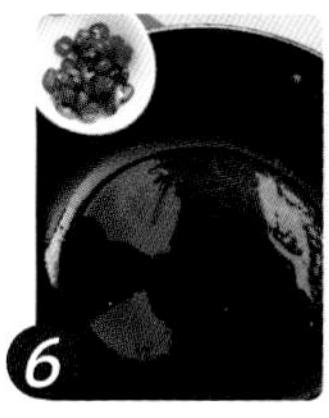

6. 净锅，放入青红椒和麻油，爆香后关火，放百页丝和麻辣油，拌匀即可。

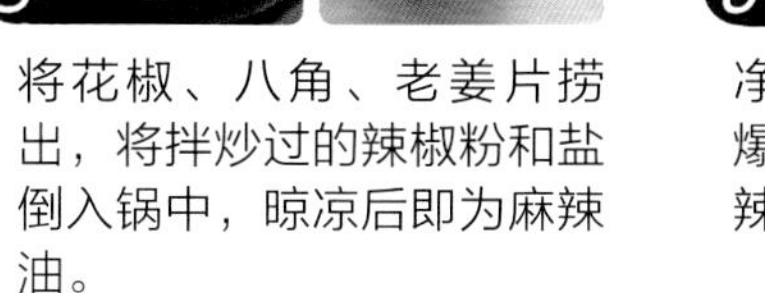

麻辣百页丝怎样做才麻辣鲜香？

做麻辣百页丝时，将花椒、八角、老姜在油锅中小火炸香，浇入拌炒均匀的盐和辣椒粉，麻辣鲜香的味道直扑入鼻；再用青红椒和麻油爆香，更添一重香味，口感鲜辣劲爆，酣畅淋漓。

韭香素鸡

材料： 素鸡1根、胡萝卜1/4根、红椒半个、韭菜1小把、清水2大勺

调料： 油1大勺、盐1大勺、生抽1大勺、孜然粉1大勺

制作方法

1. 素鸡洗净，切成厚片。

2. 胡萝卜和红椒洗净，滚刀切片；韭菜洗净，切成2cm长的小段，备用。

3. 锅中倒油烧热，放入素鸡片和胡萝卜片，中小火慢煎至素鸡两面金黄。

4. 加入盐和生抽，翻炒均匀，使素鸡片入味后，加入清水，盖上锅盖焖3分钟。

5. 依次倒入红椒片、韭菜段，转大火翻炒至断生。

6. 最后，加入孜然粉调味，炒匀即可出锅。

韭香素鸡怎么做才能香味扑鼻？

素鸡切片后在油锅里煎至两面金黄，然后放盐、生抽，加水焖制 3 分钟，可以使素鸡吸汁，变得更加入味；韭菜具有独特的辛香味，大火快炒起锅，可以使这道菜香气扑鼻。

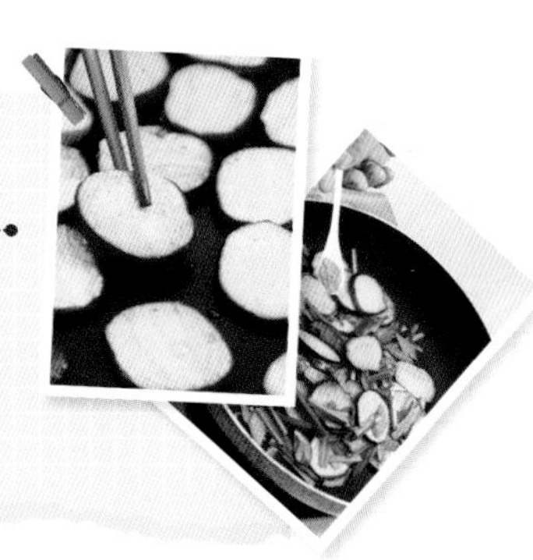

“韭菜含有大量的维生素，营养价值很高，
有活血散瘀、温肾壮阳、益肝健胃、润肠通便的功效。
素鸡含有丰富的蛋白质和卵磷脂，可预防心血管疾病；
同时含有丰富的矿物质，可以补充钙质，促进骨骼生长。”
20 分钟
初级
2 人

豆角橄菜炒肉末

材料： 豆角1把、姜1块、蒜2瓣、小红椒1个、猪肉馅1碗、橄榄菜半碗

调料： 油3大勺、盐1小勺、白糖1小勺、生抽1大勺、蚝油1大勺、清水1大勺、香油0.5小勺

制作方法

1. 豆角洗净、撕去老筋，切成1cm宽的粒，备用。

2. 姜去皮、洗净，切末；蒜去皮、拍扁，切成蒜蓉；小红椒洗净，斜切成圈。

3. 锅中加水煮沸，放入豆角粒和几滴油，焯烫成熟后，捞出、滗干。

4. 炒锅中加油，中火烧至七成热，放入姜、蒜爆香。

5. 接着下入猪肉馅，转大火炒至肉末变色。

6. 再放入橄榄菜和小红椒圈，翻炒均匀。

7. 然后放入豆角粒，翻炒至豆角变软。

8. 加入盐、白糖、生抽、蚝油拌匀，淋入1大勺清水，继续翻炒。

9. 最后，盖上锅盖，转中火焖2分钟，出锅前淋入香油即可。

豆角一定要预先处理至断生，
用滚水焯烫或者干锅热炒都能使豆角变熟；
橄榄菜本身具有咸味，所以调味时应酌量少加盐。
用大火快炒能最大程度地保持豆角清脆的口感，
并能使菜肴沾染镬气，增加风味。

15 分钟　初级　3 人

剁椒腐竹

材料： 腐竹6根、胡萝卜半根、芹菜2根、葱白1段

调料： 油1大勺、剁椒1大勺、盐1大勺、蚝油1大勺、清汤1大勺

“腐竹含有丰富的蛋白质、谷氨酸和磷脂，
谷氨酸对大脑有很好的保健作用，能预防老年痴呆症的发生；
磷脂可以降低血液中胆固醇的含量，
在防治高脂血症、动脉硬化等疾病上有一定的辅助效果。”

制作方法

1 腐竹用温盐水泡发，捞出滗干水分后，斜刀切成6cm长的段。

2 胡萝卜洗净、去皮，切片；芹菜洗净，切斜段；葱白洗净，切段，备用。

3 锅中倒油，烧至五成热时下入剁椒，小火煸炒出香味。

4 放入胡萝卜片、葱白段，转中火翻炒3分钟。

5 依次放入切好的芹菜段、腐竹段，加入盐、蚝油调味，继续翻炒2分钟。

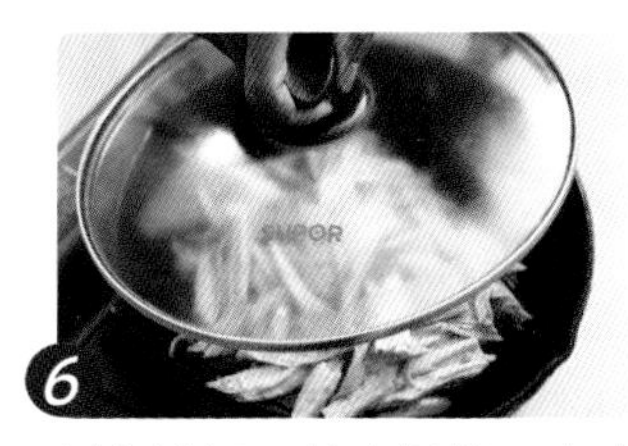

6 倒入清汤，盖上锅盖，小火焖煮，待水快煮干时即可出锅。

剁椒腐竹怎样做才香辣软弹？

制作剁椒腐竹前，先用温盐水将腐竹浸泡片刻，不仅可以尽快泡开腐竹，还可以增加腐竹的软弹度；先煸炒剁椒，释放出的辣香味可以完全裹住腐竹以及胡萝卜，使整道菜吃起来香辣十足。

“油豆腐富含优质蛋白、多种氨基酸、不饱和脂肪酸及磷脂等，
铁、钙的含量也很高，具有益肝健脾、补肾强筋、
补铁补钙、壮骨强身的功效。
油豆腐不易消化，经常消化不良、胃肠功能较弱的人慎食。”

油豆腐小炒肉

材料： 胡萝卜半根、青蒜1根、油豆腐1碗、五花肉1块

调料： 生抽1大勺、老抽2小勺、白糖1小勺、淀粉1小勺、香油1小勺、油1大勺、盐2小勺、高汤1碗

油豆腐小炒肉怎么做才鲜香入味?

制作油豆腐小炒肉时，将五花肉用生抽、白糖、淀粉、香油等拌匀腌制 15 分钟，可以提鲜；另外，将油豆腐沿对角线一切为二，可以使它充分吸收五花肉和高汤的浓香，快速入味。

制作方法

1 胡萝卜洗净、去皮，斜切成片；青蒜洗净，切段，蒜青和蒜白分开，备用。

2 油豆腐沿对角线，用刀一分为二，备用。

3 五花肉洗净，切薄片，放生抽、老抽、白糖、淀粉、香油拌匀，腌制15分钟。

4 锅中倒油，五成热时将腌制好的肉片下锅煸炒，盛出。

5 锅底留油，将蒜白部分下锅煸香，然后放入胡萝卜片，大火翻炒。

6 放入油豆腐，翻炒均匀后放1小勺盐、生抽、老抽调味。

7 倒入高汤，将炒好的肉片铺在油豆腐上，盖上锅盖，小火焖炖3分钟。

8 掀开锅盖，放1小勺盐转大火收汁。

9 放入蒜青部分，略微翻炒，香味溢出即可出锅。

黄豆炒鸡肉

材料： 嫩黄豆半碗、葱白1段、蒜1瓣、青椒半个、红椒半个、鸡腿肉1块

调料： 白胡椒粉1小勺、白糖1小勺、五香粉1小勺、生抽1小勺、料酒1大勺 、油1大勺、盐1小勺

制作方法

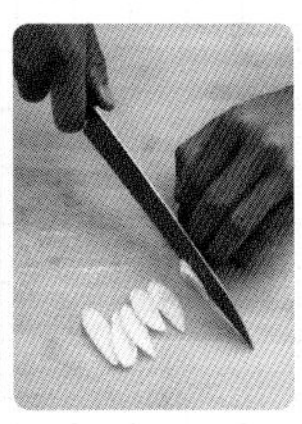

1 嫩黄豆洗净，提前泡发；葱白洗净，斜切成片，备用。

2 蒜去皮、洗净，切末；青椒、红椒洗净，斜切成段。

3 鸡腿肉洗净，切块，加白胡椒粉、白糖、五香粉、生抽、料酒腌制5分钟。

4 锅中倒油，烧热后放入葱片、蒜末，煸炒出香味。

5 放入鸡肉，大火翻炒至鸡肉颜色变白。

6 再放入嫩黄豆，加1小勺盐和清水，继续翻炒3分钟，转大火收汁即可出锅。

黄豆炒鸡肉怎样做才豆软肉嫩？

嫩黄豆提前泡发，翻炒过程中加入一些清水，可以使口感绵软可口；鸡肉在煸炒前先用五香粉、生抽等调料腌制一会儿，可以增加肉质的滑嫩度和鲜香度，吃起来醇香四溢。

黄豆含有丰富的优质蛋白、钙及 B 族维生素等，
能提供膳食纤维和矿物质，有“植物肉”及“绿色乳牛”之誉，
鸡肉也富含蛋白质，两者结合营养更加丰富，
能够充分补充蛋白质，提高人体的免疫力。

20 分钟 中 3 人

肉末臭豆腐

材料：臭豆腐6块、青笋1根、洋葱半个、干辣椒2个、青椒1个、红椒1个、肉末半碗

调料：油3大勺、盐2小勺、生抽1大勺、白糖2小勺

20 分钟　初级　2 人

“臭豆腐富含维生素 B_{12}，可以有效防止老年痴呆症；同时富含植物性乳酸菌，具有很好的调节肠道及健胃的功效，可以寒中益气、和脾胃、消胀痛、清热散血、下大肠浊气，常食能增强体质，健美肌肤。”

制作方法

1 臭豆腐洗净，切块；青笋、洋葱去皮、洗净，切丁。

2 干辣椒洗净、去蒂，斜切成段；青椒和红椒洗净，切块。

3 锅中倒油，烧热后放入肉末，中火滑散翻炒。

4 肉末颜色变白后，放入青笋丁、洋葱丁及干辣椒段，大火翻炒。

5 倒入臭豆腐块，加盐、生抽、白糖调味，继续翻炒均匀。

6 最后加入青红椒，翻炒2分钟后即可出锅。

肉末臭豆腐怎样做才色香味俱全？

做肉末臭豆腐时，要用大火爆炒，快速翻炒加入配料出锅，因为臭豆腐如果过分翻炒，就会过于散碎，影响食用口感。

茄汁豆腐

材料： 豆腐1块、葱1段、蒜2瓣、姜1块、西红柿2个、香葱末1小勺

调料： 盐2小勺、油3大勺、番茄沙司1大勺、蚝油1大勺、白糖1大勺、香油1小勺

豆腐如何煎才好看又好吃？

要煎出外形完整的豆腐，方法有二：可将豆腐用蛋液包裹一下，煎好后效果会更松软；在豆腐表面沾上干面粉，煎制时可使豆腐表皮呈金黄酥脆状。煎豆腐时，一定要用薄油，小火慢煎至两面金黄即可。

“

豆腐营养丰富，含有铁、钙、磷、镁等人体必需的多种微量元素，
还含有醣类、植物油和丰富的优质蛋白，
豆腐的消化吸收率极高，
两小块豆腐，就能满足人体一天钙的需求量。

制作方法

1 豆腐切成长4cm的正方形，方便煎制。

2 温水中加1小勺盐，将豆腐放入，浸泡10分钟，捞出。

3 蒜均洗净，切末；姜洗净，切丝；葱洗净、切葱花，备用。

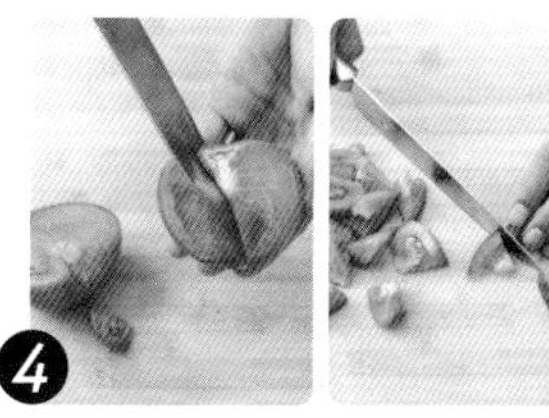

4 西红柿洗净，对半切开，切去硬蒂，再切成西红柿丁。

5 平底锅倒入3大勺油，开大火烧至五成热后，转小火用筷子将豆腐夹入锅中煎制。

6 豆腐一面煎成金黄色后，翻转豆腐，煎制另一面；接着转中火，放入蒜末、姜丝、葱花，煸炒出香味。

7 然后放入西红柿丁，中小火翻炒至西红柿出汁。

8 待西红柿炒出汁后，倒入番茄沙司拌匀。

9 再加入蚝油、白糖及1小勺盐拌匀，淋上1小勺香油，撒上香葱末即可出锅。

豉香韭菜炒香干

材料：韭菜1把、香干5块、干豆豉1大勺、干辣椒3个

调料：油4大勺、生抽2小勺、盐1小勺、白糖1小勺

制作方法

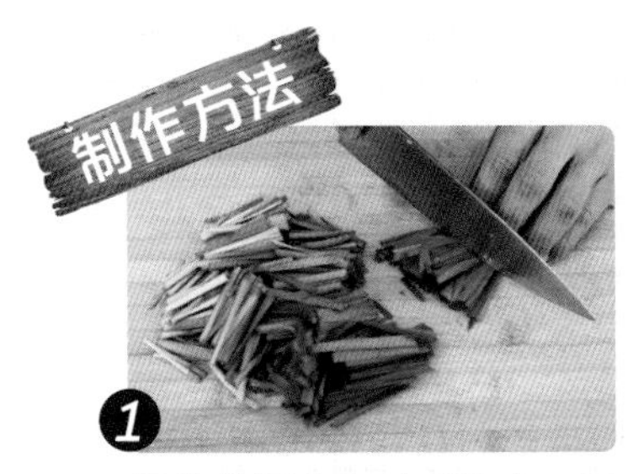

1. 把韭菜择除老叶后洗净，切成3cm长的段。

2. 香干切成4cm长的条；干豆豉放入水中浸泡10分钟后剁碎，使豆豉味更容易释放。

3. 锅中倒2大勺油，烧至六成热，放入香干条煸炒，煸至表面金黄后盛出，备用。

4. 锅中另加2大勺油，烧至五成热，下豆豉碎，小火炒出香味，然后放入干辣椒煸香。

5. 放入韭菜段，转大火炒软后，接着放入煸过的香干，翻炒几下。

6. 最后，淋入生抽、盐、白糖，迅速翻炒几下，即可出锅。

豉香韭菜炒香干怎么做才香气浓郁?

豆豉泡水要切碎，这样煸炒时更容易炒出豉香味；熏干中仍带有少许的豆腥味，用油煸香既可以去除豆腥，又能提升豆干的口感；爆香时不要着急，待豆豉香味飘出后，再加入干辣椒爆香即可。

20 分钟 初级 2 人

豆瓣杂炒

材料： 毛豆半碗、胡萝卜半根、干香菇5朵、红椒2个、姜1块、鸡胸肉1块

调料： 油2大勺、郫县豆瓣1大勺、盐1小勺

制作方法

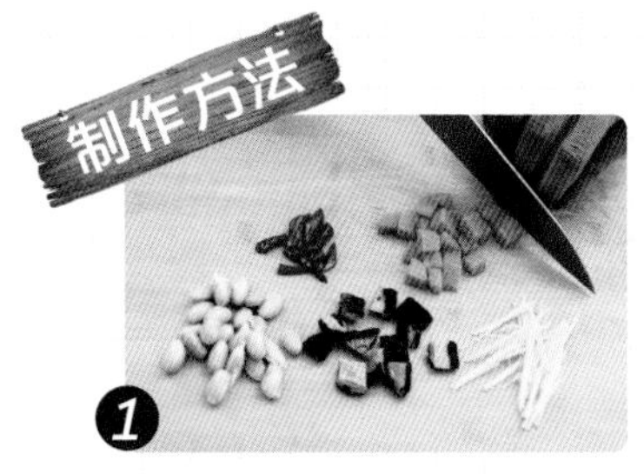

1 毛豆去壳，胡萝卜去皮，洗净，切丁，入锅焯水；干香菇泡发、洗净，切丁；红椒洗净，切斜段；姜切丝。

2 鸡胸肉洗净，切成2cm见方的丁，备用。

3 锅中倒油，烧至五成热，下入姜丝和红椒爆香。

4 接着放入鸡肉丁，翻炒至变色，加入郫县豆瓣炒匀。

5 然后放入香菇丁、胡萝卜丁和毛豆仁，翻炒均匀。

6 最后，加盐调味，炒匀后即可出锅。

豆瓣杂炒怎么做才清香爽口?

这道菜用大火爆炒，融合了豆瓣的酱香和毛豆的清香，毛豆仁最好用水焯烫至断生，这样可以减少烹炒时间，又能保证毛豆成熟，有益健康；爆香姜丝时，可以尝试把姜丝煸焦，风味更加独特。

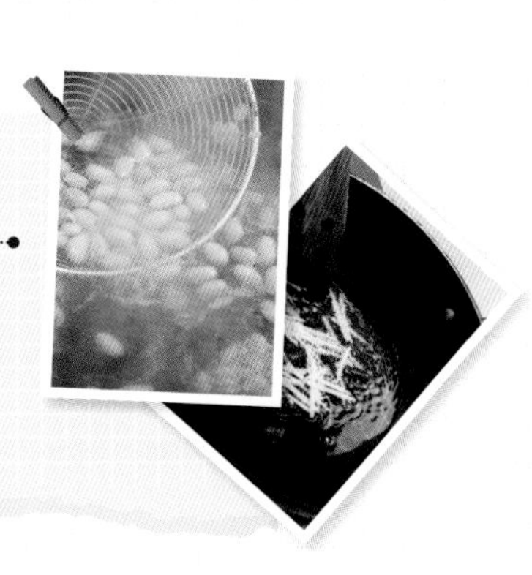

毛豆营养丰富，含有蛋白质、钙、铁、维生素等多种营养成分，
具有健脾宽中、润燥解毒的功效，
主治疳积泻痢、腹胀羸瘦、妊娠中毒、疮痈肿毒、外伤出血等，
适宜脾胃虚弱的老人食用。

青豆虾仁炒饭

材料： 青豆1碗、葱1段、蒜2瓣、胡萝卜半根、虾仁1碗、熟米饭1碗

调料： 盐1大勺、料酒2小勺、胡椒粉1小勺、油3大勺

“青豆富含不饱和脂肪酸，有保持血管弹性、健脑和防止脂肪肝形成的作用。
虾仁营养丰富，肉质松软，易消化，有补肾壮阳的功效。
大米可提供丰富的 B 族维生素，具有补中益气、健脾养胃的功效。”

制作方法

1 青豆洗净，放入沸水中焯烫2分钟后捞出，备用。

2 葱洗净，切末；蒜去皮、洗净，切末；胡萝卜洗净，切小丁，备用。

3 虾仁洗净，切成丁，放入沸水中焯烫变色后捞出，放入碗中。

4 在虾仁中加入盐、料酒、胡椒粉，拌匀后腌制30分钟。

5 锅中倒油，油热后放入蒜末爆香，然后放入虾仁、青豆，胡萝卜，大火快速翻炒，断生后盛出。

6 放入熟米饭，快速炒散，然后加入已炒熟的虾仁、青豆、盐、葱末、胡萝卜，翻炒均匀，即可出锅。

青豆虾仁炒饭怎么做才鲜嫩可口?

青豆在煸炒前先焯烫2分钟，会有绵软的口感；虾仁宜选用嫩一些的，口感更鲜嫩，用盐、料酒和胡椒粉提前腌制，可入味除腥。米饭最好用剩下的凉米饭，刚刚焖熟的热米饭不好炒，易粘锅。

“豇豆富含蛋白质、脂肪、磷、钙、铁、维生素 B、烟酸等成分，
具有理中益气、健胃补肾、调颜养身、
和五脏、生精髓、止消渴之功效；
另外，豇豆所含磷脂可促进胰岛素分泌，是糖尿病人的理想食品。”

豇豆肉丁酱

材料： 五花肉1块、蒜5片、豇豆1把、小红辣椒圈0.5大勺

调料： 料酒1大勺、盐1.5小勺、油1大勺、五香粉0.5小勺、老抽0.5小勺、甜面酱2大勺、水淀粉2大勺

豇豆肉丁酱怎么做才浓香入味?

用加盐的沸水焯烫豇豆，可使豇豆颜色翠绿，口感脆爽；煸炒五花肉时，可转中小火慢慢煸出猪油，借猪油香味做出的酱会更加好吃；调味时不用加太多盐，勾芡会使汤汁收浓，咸味变重。

制作方法

1. 五花肉洗净，切成小丁，加入料酒抓匀，备用。

2. 蒜去皮，切片；豇豆洗净，切粒状，放入加了0.5小勺盐的滚水中焯烫1分钟，捞出、滗干。

3. 锅中倒油烧热，放入蒜片爆香，然后倒入肉丁，中火炒出五花肉中的油。

4. 加入五香粉和老抽，炒至肉丁裹上酱色。

5. 倒入焯过水的豇豆丁，继续翻炒上色。

6. 接着加入甜面酱，转小火慢慢翻炒2分钟，炒出酱香味。

7. 然后倒入开水，使水面没过食材，转中火加盖炖15分钟。

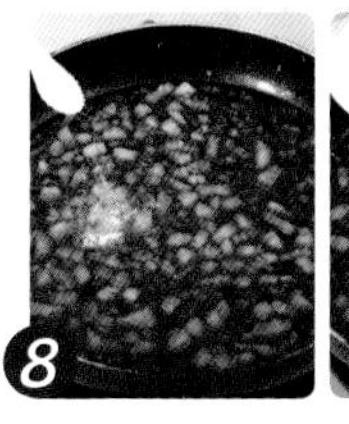

8. 打开锅盖，加1小勺盐调味拌匀，再淋入水淀粉勾芡，使汤汁变浓稠。

9. 最后，撒入新鲜的小红辣椒圈提鲜，搅拌均匀，即可关火出锅。

清香爽口
——凉拌豆料理

色彩缤纷的五彩豆卷丁，
平实亲切的豆皮花生拌豆苗，香甜滑润的鸡汁什锦豆腐丝，
黑白分明的皮蛋豆腐，
豆类与其他食物相伴，融合出美妙的味觉享受。

胡萝卜
要先用油煸炒，使胡萝卜
素充分释放，这样做出
的菜更营养。

鸡汁什锦豆腐丝

材料： 干豆腐皮1张、火腿1块、葱白1段、姜1块、香葱1根、小油菜2棵

调料： 油2大勺、高汤1碗 、鸡汁2大勺、盐1小勺、香油1小勺

30 分钟　中级　4 人

“干丝中富含蛋白质以及人体所必需的氨基酸，
具有益气补虚的作用。
干丝中还含有动物性食物所缺乏的卵磷脂、不饱和脂肪酸等，
常吃干丝可保护肝脏，促进代谢，排出毒素，增强人体的免疫力。”

干豆腐皮洗净，与火腿一起均切成极细的丝。

将豆腐丝放入盛有开水的碗中，用筷子搅拌均匀，浸泡2分钟后盛出。

葱白洗净、去皮，切丝；姜去皮，切丝；香葱洗净，切末；小油菜洗净，备用。

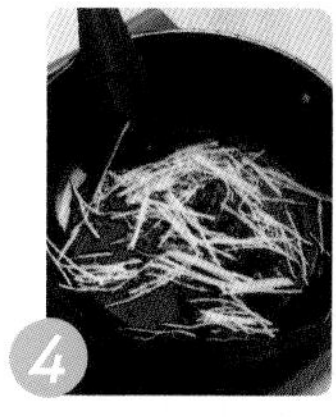

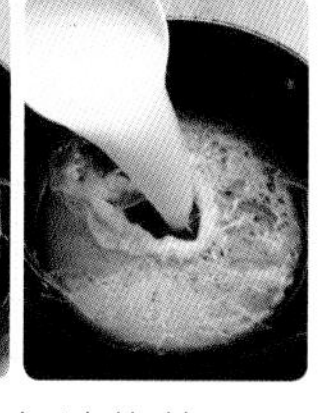

锅内放入2大勺油烧热，下入姜丝，中火爆香，然后倒入高汤，转大火煮沸。

加入鸡汁搅匀，放入豆腐丝、火腿丝煮2分钟。

然后加入小油菜，加盐、香油调味，盛入盘中，放上葱丝、香菜即可。

鸡汁什锦豆腐丝怎样做才能柔软不柴？

干豆腐丝要用苏打粉及开水浸泡，但浸泡时间不宜太长，2 分钟左右即可，这样可以使其变得柔软，又不至于在水中太长时间而泡烂。淋入香油，可使干豆腐丝吃起来不柴。

豆皮花生拌豆苗

材料： 黑豆苗1把、花生1小把、蒜3瓣、豆腐皮1张

调料： 油1大勺、盐0.5小勺、白糖1小勺、醋1小勺、生抽1大勺、香油1小勺

制作方法

1 黑豆苗洗净；花生剥壳，取出花生仁；蒜剥皮、用刀拍裂后，切末，备用。

2 豆腐皮洗净，切成细丝，备用。

3 炒锅中倒入油，烧热后放入花生仁，炸熟后盛入碗中，备用。

4 煮锅倒入清水，大火煮开后放入豆苗，焯熟后滗干。

5 将花生倒入盛有豆腐皮丝、焯过的豆苗的碗中，搅拌均匀。

6 用盐、白糖、醋、生抽、香油调成料汁，倒入食材中拌匀即可。

花生拌豆苗怎么做才能清香爽口？

豆苗要用清水多冲洗几次，确保没有泥沙残留。炸花生仁时要用中大火，切记不能炸太久，否则很容易炸焦，严重影响爽脆的口感。调味汁中要放入少许香油，增加整道菜的清香度，更能刺激食欲。

“豆苗含有丰富的钙质、胡萝卜素和 B 族维生素等营养物质，
有消肿利尿的功效。
豆苗属于性凉的食物，含有维生素 C 的成分，
是燥热季节的清凉佳品，可以清除体内积热，
排出毒素，增强机体抵抗力。”
20 分钟
初级
4 人

凉拌油豆腐

材料： 三角油豆腐10个、枸杞10粒、荷兰豆1小把、蒜3瓣、香菜2根

调料： 盐1小勺、生抽1小勺、香醋1小勺、香油1小勺

制作方法

油豆腐洗净，与枸杞一起放入热水浸泡，备用。

荷兰豆洗净，掐掉两端，去除老筋，切片；蒜拍扁后去皮，切末；香菜洗净，切碎，备用。

锅中倒入清水，大火烧开，放入荷兰豆，焯熟后捞出、晾凉，备用。

入冰箱冷藏可提升口感

将盐、生抽、香醋、香油放入碗中，搅拌均匀调成汁。

将晾凉的荷兰豆、油豆腐块和枸杞放入同一碗中，加入调好的调料汁，充分拌匀。

撒上蒜末和香菜碎，腌制10分钟后即可食用。

凉拌油豆腐怎么做才能鲜爽味美？

油豆腐加入荷兰豆，一来可以丰富营养，二来可增加鲜爽度。荷兰豆要将两头的尖端掐掉，连带的一些老筋也要去掉，以保持口感的清新爽脆。油豆腐要浸泡热水，去除多余油分后口感会更加清爽。

油豆腐含有丰富的优质蛋白、不饱和脂肪酸及多种氨基酸，磷脂、钙、铁的含量也很高，可为人体补充丰富的营养。油豆腐还可以维持人体中的钾钠平衡，提高人体免疫力。

30 分钟　中级　4 人

彩椒金针拌香干

材料： 香干3块、香葱2根、蒜4瓣、金针菇1把、青椒半个、红椒半个、黄椒半个

调料： 盐1小勺、生抽2小勺、香油1小勺

“金针菇中的氨基酸含量比一般菇类还要丰富，
特别是赖氨酸的含量很高，
而赖氨酸具有开发儿童智力、促进脑部发育的功能。
金针菇中还含有丰富的蛋白质、碳水化合物及粗纤维，常食可预防溃疡。”

制作方法

1 香干洗净，切条，备用。

2 香葱去皮、洗净，切粒；蒜用刀拍扁后去皮，切末，备用。

3 金针菇洗净，切去尾部偏硬的那一部分；青椒、红椒、黄椒均去蒂、洗净，切丝。

4 锅中倒入清水，大火烧开后，分别放入金针菇和香干焯熟，捞出滗干水分。

5 将金针菇、香干、红椒丝、黄椒丝、青椒丝、香葱粒、蒜末混合拌匀。

6 然后加入盐、生抽、香油拌匀，腌10分钟即可。

金针拌香干怎么做才入味又好看?

金针菇和香干都要充分焯熟，滗干水分，否则会影响口感。加入青椒、红椒和黄椒不仅能增加营养，也让这道菜的颜色更好看。所有材料拌匀后，腌制 10 分钟以上，确保入味。

姜汁豇豆

材料： 豇豆1把、蒜3瓣、红辣椒1个、姜1块

调料： 盐3小勺、油1小勺、醋5小勺、白糖2小勺、香油1小勺

制作方法

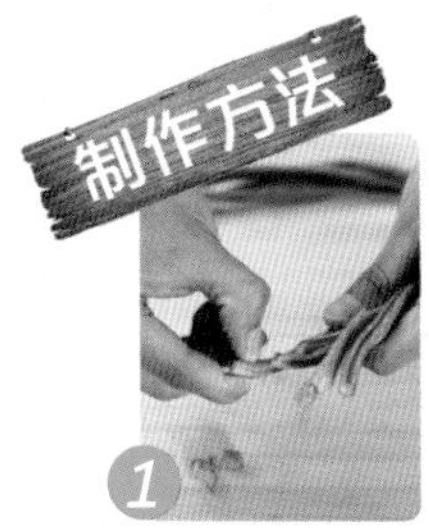
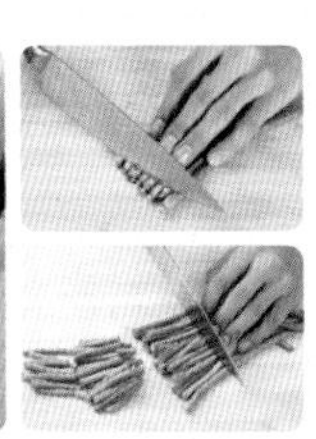

1 豇豆洗净，摆放整齐，切除两端的老根后，再切成5cm长的段状。

2 锅内加足量水和1小勺盐、油煮沸后，放入豇豆焯水2分钟，捞出。

3 将焯过水的豇豆立即放入冷水浸泡，滗干水分，备用。

4 蒜拍扁，切末；红辣椒洗净，切成辣椒圈；姜洗净，切末。

5 将醋、盐、白糖、香油拌匀，放入姜末调匀。

6 将蒜末、红辣椒圈撒入豇豆中，再淋上调味汁即可。

姜汁豇豆怎么做才姜味浓郁？

豇豆焯水之前，往锅内加入盐和油，焯出的豇豆颜色翠绿、口感脆嫩。为了使姜末更好的与调味汁融合，切好的姜末放入调味汁后一定要浸泡 5 分钟以上，这样味道才能彻底释放，增添菜肴的风味。

“豇豆富含维生素 B 和植物蛋白，
能调理消化系统，消除腹胀，使人头脑冷静，
有解渴健脾、益气生津的功效。
豇豆中的磷脂还有促进胰岛素分泌、参与糖代谢的作用，
是糖尿病患者的理想食品。”
10 分钟
初级
2 人

五味豆皮卷

材料： 里脊肉1块、鸡胸肉1块、香菜2根、鸡蛋1个、青笋半根、胡萝卜半根、绿豆芽1把、香菇2朵、青蒜2根、豆皮6张

调料： 盐1小勺、料酒1小勺、油1小勺、生抽1小勺、白糖1小勺、香油1小勺

五味豆皮卷怎样做才绵软、无豆腥?

豆制品普遍有一种豆腥味，会影响其口感，将豆皮在沸水中焯熟，可以有效去除豆腥味。调味汁趁豆皮卷还有温度时倒入，可以避免豆皮凉后变硬，使其保持绵软的口感。

豆皮含有丰富的蛋白质和氨基酸，
以及钙、铁等人体所需的18种微量元素，
可以促进身体和智力的发展，有强身健体的功效。
豆皮中还含有大量的卵磷脂，可预防心血管疾病，对心脏起到保护作用。

里脊肉、鸡胸肉洗净，切丝；香菜洗净，切末；鸡蛋打散，加入盐和料酒，搅拌均匀备用。

青笋、胡萝卜去皮、洗净，切丝；绿豆芽洗净；香菇、青蒜洗净，切丝，备用。

锅中倒油，大火烧热后倒鸡蛋液，转小火摊成两面金黄的鸡蛋饼。

鸡蛋饼盛出后切丝，备用。

净锅，倒入清水，加盐和油，大火烧开后下豆皮焯熟，每张一分为三。

捞出豆皮后，依次下入里脊肉丝、鸡胸肉丝、青笋丝、胡萝卜丝、绿豆芽、香菇丝、青蒜丝，焯熟。

取一份豆皮，将焯熟的食材依次整齐摆放在豆皮上，然后把豆皮压紧，卷起来，收口朝下，斜切成段。

其他豆皮依步骤7做成豆皮卷，摆入盘中。

取小碗放入生抽，调入白糖，然后均匀倒入装好豆皮卷的盘中，再滴上香油、撒上香菜末即可。

粉皮炝拌绿豆芽

材料： 绿豆芽1把、蒜4瓣、红椒3个、干辣椒2个、绿豆粉皮1张

调料： 盐0.5小勺、醋1小勺、生抽1小勺、香油1小勺、油1大勺

30 分钟　初级　4 人

“绿豆在发芽的过程中，维生素 C 含量会增加，
部分蛋白质也会分解成人体所需的氨基酸，营养十分丰富。
绿豆芽中的膳食纤维可促进肠胃蠕动，防治便秘，
而其中所含的核黄素也可治疗口腔溃疡。”

绿豆芽用清水洗净；蒜用刀拍扁后去皮；红椒、干辣椒洗净，切圈。

绿豆粉皮用温水泡软后，捞出、滗干，切丝。

锅中倒入清水，大火煮开后，放入粉皮丝焯透。

再放入绿豆芽焯烫，将粉皮丝和绿豆芽一起捞入凉水中过凉。

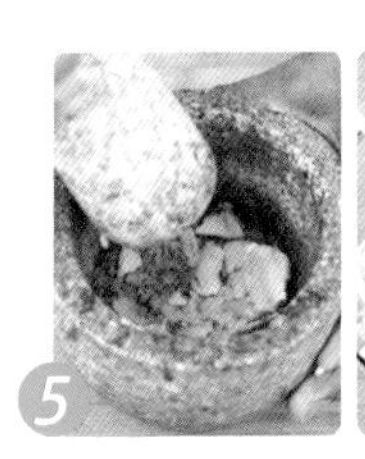

将红椒圈和蒜放入蒜臼中捣碎，与粉皮丝、绿豆芽拌匀，加入除油外所有调料。

锅中倒油烧热，放入干辣椒段，小火炸香，然后趁热将辣椒油淋在粉皮丝上即可。

粉皮炝拌绿豆芽怎么做才软滑爽口?

粉皮要用温水泡得足够软之后，再拿出来切丝。如果泡得时间不够久，粉皮就会发硬。焯粉皮丝时，要焯透后再捞起，确保其软滑度；而绿豆芽则不宜焯太长时间，否则会影响其爽口度。

皮蛋豆腐

材料： 松花蛋1颗、内酯豆腐1盒、香菜1棵、干辣椒2个

调料： 油2大勺、生抽1小勺、醋2小勺、盐1小勺、香油1小勺

制作方法

1. 皮蛋放在沸水中煮5分钟，过凉冷却，剥去蛋壳，切成小丁。

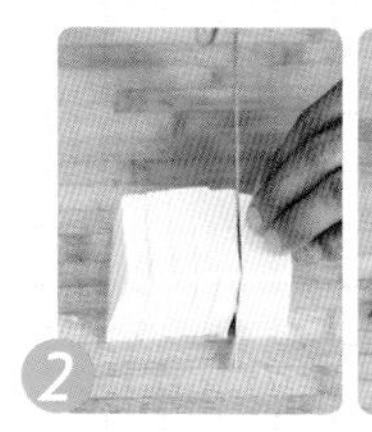

2. 将内酯豆腐切成0.8cm厚的片，摆入盘中；香菜洗净，切成小段，备用。

3. 干辣椒洗净、去蒂、去籽，切成碎丁。

4. 炒锅中加入2大勺油，放入干辣椒碎，小火煸炒出香味，制成辣椒油。

5. 辣椒油中倒入生抽、醋、盐、香油，调成红油。

6. 将皮蛋丁撒在豆腐上，淋入红油，撒上香菜段，即可。

皮蛋豆腐怎么做才香滑爽口？

做皮蛋豆腐时，将皮蛋放入沸水煮 5 分钟，蛋黄凝固，切丁时不会粘刀；将干辣椒制成辣椒油，然后加入生抽、醋、盐、香油等调成红油，淋在皮蛋豆腐上，可以增加这道菜的香辣口感。

10 分钟
初级
2 人

五彩豆卷丁

材料： 豆腐卷5个、黄瓜1根、胡萝卜1根、黄椒半个、葱4片、姜3片

调料： 盐1小勺、白糖1小勺、香油0.5小勺

制作方法

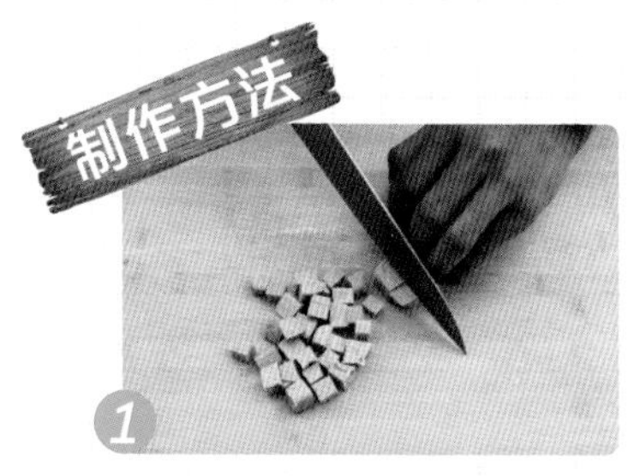

豆腐卷切成1cm见方的丁，备用。

黄瓜、胡萝卜去皮、洗净，切丁；黄椒洗净、去籽，切丁。

锅中加水煮沸，放入黄瓜丁、胡萝卜丁、黄椒丁焯烫1分钟后，捞出。

炒锅倒油烧热，下入葱姜中火爆香，炒出香味后，放入胡萝卜丁煸炒2分钟。

然后放入黄瓜丁、黄椒丁，转大火翻炒。

最后，放入豆卷丁，加入盐、白糖、香油调味，炒匀后即可出锅。

五彩豆卷丁怎么做才既美观又美味？

选用颜色鲜艳的黄瓜、胡萝卜、黄椒，不仅色彩鲜亮，激发人的食欲，而且口感还很清爽；胡萝卜要先用油煸炒，使胡萝卜素充分释放，这样做出的菜更营养；最后淋上香油提香，味道更加鲜香美味。

豆腐卷是最常吃的豆制品，大豆植物蛋白更容易被人体吸收，
还不会增加肠胃的负担，是非常好的家常食材；
而黄瓜、胡萝卜、黄椒都含有丰富的维生素 C，
可以补充人体维生素，保持身体健康。

油泼腐竹

材料： 腐竹3根、干黑木耳2朵、黄瓜1根、胡萝卜1根、干辣椒3个、花椒1小勺、熟芝麻1小勺、香菜段0.5大勺

调料： 盐2小勺、生抽1大勺、醋1大勺、白糖1大勺、香油1大勺、油2大勺

15 分钟　初级　2 人

“腐竹具有浓郁的豆香味，同时还有着独特的口感。
从营养的角度来说，腐竹能量配比均衡，和一般的豆制品相比，
营养素密度更高，可以起到很好的补充蛋白的作用，
而凉拌黄瓜则有减肥排毒的美容功效。”

制作方法

1 腐竹、干黑木耳用清水泡软，腐竹斜切成段，木耳切丝，均焯水，备用。

2 黄瓜洗净，胡萝卜去皮、洗净后，均切成菱形片；干辣椒洗净，切段。

3 将切好的腐竹、黑木耳、黄瓜、胡萝卜放入碗中，加入除油以外的所有调料，拌匀腌制5分钟。

4 锅中倒油，烧至七八成热时，放入花椒，炸香后捞出。

5 再放入干辣椒段，炸出香味后关火，撒入1小勺熟芝麻。

6 最后，将热油淋入盛有腐竹的碗中，撒入香菜段，即可享用。

油泼腐竹怎么做才脆嫩爽口？

做油泼腐竹时先将腐竹洗净泡软，用热水焯熟，然后与黄瓜、胡萝卜一起用盐、生抽、白糖、醋、香油等调料腌制，可使口感更加滑嫩爽脆；将干辣椒和花椒炒香后，撒入一把芝麻，会使炸出的料油更香。

绵香滑嫩
——炖烧焖豆料理

浓香软糯的千张结红烧肉，
鲜甜滋润的红烧鱼头豆腐，辛香滑嫩的姜汁铁板豆腐，
浓香扑鼻的豇豆炖排骨，
悠长的时间把豆类的精华缓缓释放。

红烧
鱼头豆腐

五花肉要先用
冷水焯一下，去肉腥，
炒的时候先放一点儿油，
防止粘锅，同时吃起
来肥而不腻。

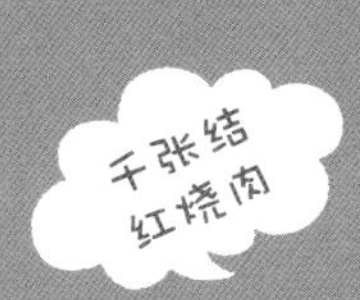

浓汤黄豆猪蹄

材料： 干海带1块、黄豆半碗、姜1块、蒜4瓣、猪蹄2只、香葱末1大勺

调料： 油1大勺、料酒1大勺、盐2小勺、香油1小勺

香辛料： 花椒2小勺、八角1颗、桂皮2块、草果2颗、香叶3片

猪蹄如何炖才能软烂滑香？

炖猪蹄时，冷水下锅，以中小火炖煮（让水一直保持小滚状），使猪蹄从外到内受热均匀，如此可保持猪蹄外皮完整、光润。猪蹄煮熟时，不要急着取出，利用余温焖 30 分钟，猪蹄会更软烂滑口、不油腻。

**“猪蹄中含有胶原蛋白，而胶原蛋白被人体吸收后，
能促进皮肤细胞吸收和储存水分，防止皮肤干涩，
使面部皮肤显得丰满、有光泽，
汉代名医张仲景就指出猪蹄上的皮有‘和血脉，润肌肤’的作用。”**

制作方法

1 干海带用温水泡发，去除杂质，洗净，切片。

2 黄豆放入清水浸泡3小时；姜洗净，切片；蒜洗净，切片。

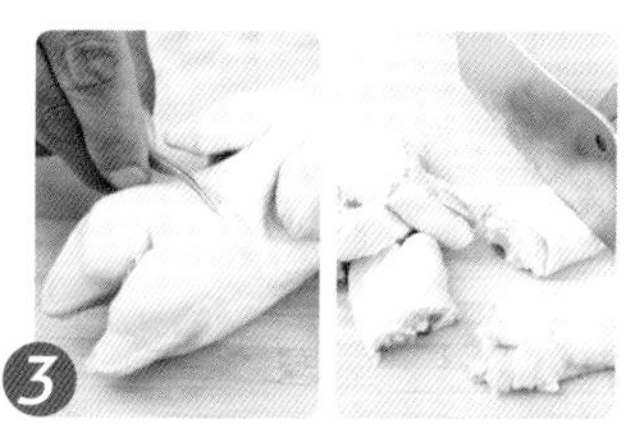

3 猪蹄洗净，切除猪脚指甲、拔掉猪毛，切块，备用。

4 将猪蹄块和花椒及部分姜片一起放入锅中，加水煮沸后，撇除浮沫，捞出。

5 炒锅内加油，放入剩余姜片、蒜片和剩余香辛料，中小火煸香。

6 然后加入开水、料酒，大火煮沸后，倒入黄豆、猪蹄，盖上锅盖转中小火炖1.5小时。

7 炖好后，打开锅盖，放入海带片，与猪蹄、黄豆一同中火炖煮。

8 待锅中猪蹄可以用筷子戳透时，挑出香辛料，关火。

9 调入盐和香油搅拌均匀，撒上香葱末即可。

豇豆炖排骨

材料： 豇豆1把、排骨2根、胡萝卜1根、葱1段、姜1块

调料： 油1大勺、料酒1大勺、老抽2小勺、生抽1大勺、白糖2小勺、盐1小勺

“豇豆富含蛋白质、脂肪、淀粉、磷、钙、铁、维生素、烟酸等营养成分，具有理中益气、健胃补肾、调颜养身的功效。排骨是补充蛋白质的最佳肉类食品，具有滋阴壮阳、益精补血的功效。”

制作方法

1 豇豆去筋、洗净，切成4cm长的段，用沸水焯熟。

2 排骨洗净，剁成小段，放入沸水中焯烫3分钟，去除血沫后捞出滗干。

3 胡萝卜去皮、洗净，切滚刀块；葱洗净，切段；姜去皮、洗净，切片，备用。

4 锅中倒油，烧热后放入排骨翻炒，变色后放葱、姜爆香，然后倒入料酒、老抽、生抽，大火翻炒均匀。

5 倒入开水，没过排骨表面，放白糖，盖上锅盖，大火烧开后转小火，慢炖30分钟。

6 放豇豆、胡萝卜、盐，大火翻炒均匀后转小火慢炖15分钟，即可出锅。

豇豆炖排骨怎么做才肉烂味美？

将排骨剁成小段，放入沸水中焯烫，然后大火翻炒、小火慢炖，可达到排骨肉酥不离骨的效果；翻炒时用葱姜爆香，再加入料酒、老抽、盐、白糖等入味，以使排骨鲜香味浓。

“三黄鸡脂肪含量低，氨基酸含量高，
同时富含人体所需的多种营养元素，可用于补血养身；
香菇味平，补益气血，有美容养颜的功效，
能够促进人体新陈代谢，提高机体适应力。”

腐竹香菇炖鸡肉

材料：干香菇6朵、香菜3根、姜3片、腐竹3根、葱白1段、鸡腿1只

调料：料酒1大勺、胡椒粉1小勺、盐2小勺、油1大勺、生抽1小勺、清水3碗

腐竹香菇炖鸡肉怎样做才鲜美醇香?

制作腐竹香菇炖鸡肉时，将鸡肉用料酒、胡椒粉、盐腌制 20 分钟，能够保持鸡肉的滑嫩和鲜香；翻炒鸡肉时一定要用大火，否则很容易变柴；小火炖煮则可以炖出鸡汤的醇香。

制作方法

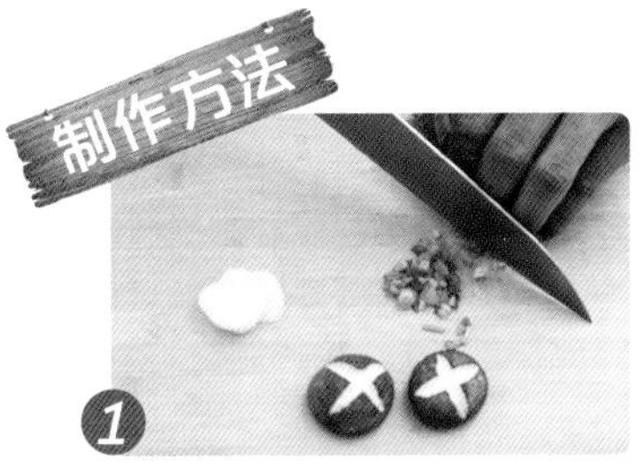

1 干香菇洗净、泡发，表面切成十字花；香菜洗净，切末；姜去皮，切片，备用。

2 腐竹泡发，切成3cm长的小段；葱白洗净，切段。

3 鸡腿剁成小块，用清水洗净。

4 锅中倒水煮沸，放入鸡肉焯烫1分钟，撇除浮沫后捞出，用清水洗净。

5 将料酒、胡椒粉和1小勺盐均匀涂抹在鸡肉上，腌制20分钟。

6 锅中倒油，放入姜片、葱段爆香，然后放入腌好的鸡块，大火翻炒5分钟。

7 鸡肉变色后，放入泡发的香菇、腐竹，加入生抽，翻炒均匀。

清水要淹没锅内食材

8 倒入3碗清水，大火煮沸后，改小火加盖炖25分钟。

9 最后，加盐调味，翻炒均匀，转大火略微收汁，撒上香菜，即可出锅。

毛豆烧茄子

材料： 八角2颗、毛豆1碗、茄子2个、姜末1小勺、蒜末1小勺、葱粒1小勺

调料： 盐3小勺、淀粉4小勺、油3大勺、白糖1小勺、黄酒1小勺、生抽1小勺、香油1小勺

制作方法

1 锅中倒入适量清水，放盐、八角，大火烧开后，放毛豆煮3分钟。

2 将煮好的毛豆迅速放入加了1小勺盐的凉水中，晾凉备用。

3 茄子洗净、去皮，切成滚刀块。

4 撒入淀粉，拌匀备用。

5 锅中倒油，七成热时将裹了淀粉的茄子放入锅中炸至金黄色捞出。

6 锅中留底油，下姜末、蒜末、葱粒爆香。

7 加盐、白糖、黄酒、生抽、香油及少量清水，大火烧开后加淀粉调成汁。

8 将炸好的茄子下锅略炒，至汤汁完全裹住茄子。

9 最后，倒入煮好的毛豆，翻炒均匀后即可出锅。

毛豆要先煮好，但切记只能煮 3 分钟，

此时口感最佳，而且颜色也漂亮。

煮好的毛豆要放入加盐的凉水中，以保证其爽脆感和颜色的翠绿。

调味汁可略多放些淀粉，增加汤汁浓稠度，确保味香浓郁。

30 分钟　中级　4 人

红烧鱼头豆腐

材料： 大鱼头1个、南豆腐2块、红椒2个、蒜5瓣、香葱2根、姜5片

调料： 盐1小勺、料酒1小勺、油1大勺、生抽1小勺、老抽1小勺、白糖1小勺、胡椒粉1小勺、蚝油1小勺、水淀粉1大勺

红烧鱼头豆腐怎样做才能鲜嫩不碎?

煎豆腐时，注意要滗干水分，以小火慢煎防止溅油。煎的过程不宜太久，至表面金黄色定形即可。鱼头也要用小火慢煎，切记不要频繁翻动。整个过程中，翻炒不可大力，否则易弄碎鱼头和豆腐。

“豆腐营养丰富，但蛋氨酸含量较少，而鱼头富含氨基酸。
两者一起烹制，可以互补长短，均衡摄入营养。
另外，豆腐富含钙，鱼头含维生素 D，两者合吃，可大大提高钙的吸收率，为人体有效补充钙质。”

制作方法

1 大鱼头洗净，用盐均匀涂抹好，加入料酒，腌制15分钟。

2 南豆腐洗净，切成小方块，备用。

3 红椒洗净，切片；蒜用刀拍扁，去皮；香葱洗净、切粒。

4 锅中倒油烧热，放入豆腐块，转小火慢煎。

5 煎的过程中用筷子适当翻动，确保四面都煎成金黄色后，盛出备用。

6 锅中留底油，放入沥干水分的鱼头，小火慢煎至两面八成熟。

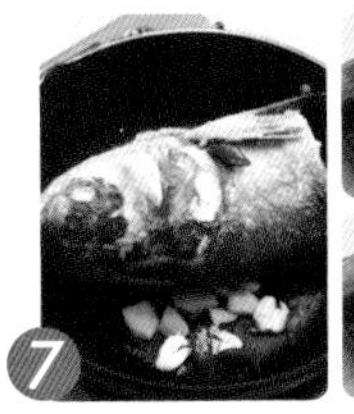

7 放入红椒、姜片、蒜，略微翻炒后，加入清水，煮开后加入煎好的豆腐。

8 放入生抽、老抽、白糖、胡椒粉、蚝油，大火煮开后转成小火。

9 放入水淀粉勾芡，撒入香葱，大火快速收汁后即可盛出。

姜汁铁板豆腐

材料：胡萝卜半根、姜1块、蒜3瓣、香葱2根、红椒半个、西兰花半个、南豆腐1块

调料：油2大勺、生抽2小勺、白糖2小勺、蚝油0.5大勺、料酒1大勺、高汤1碗

制作方法

1 胡萝卜、姜、蒜分别洗净、去皮，切末；香葱洗净，切葱花；红椒洗净，切末。

2 西兰花洗净，用手掰成小朵，备用。

3 南豆腐洗净，切成长方形的块。

4 平底锅烧热、放油，将豆腐块逐一放入锅内，小火将豆腐块煎至两面金黄，盛出。

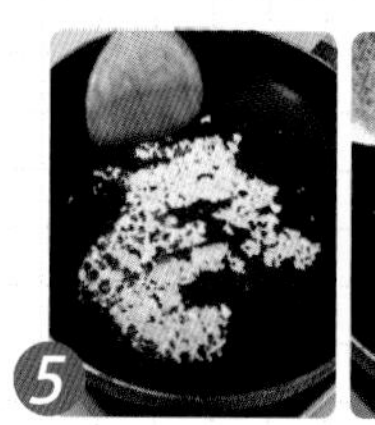

5 锅中留底油，放入姜末、蒜末，爆香，接着放入胡萝卜末、红椒末炒熟。

6 放入煎好的豆腐块，倒入生抽、白糖、蚝油、料酒、高汤调味。

7 大火烧开后，转小火继续烧制；然后另起一锅，倒水，将西兰花烫至半熟。

8 平底锅内的汤汁变浓稠时，加入西兰花。

9 稍微翻炒后，撒入香葱花，即可出锅享用。

制作姜汁铁板豆腐时，将豆腐两面均匀粘上玉米淀粉，
然后小火慢煎，可使豆腐外焦里嫩；
小火烧制时，不盖锅盖，也可避免煎制好的豆腐外皮变软；
先将姜末爆香，后用高汤等调味，可使这道菜更加汁浓味美。
40 分钟 中级 2 人

油豆腐烧肉

材料：五花肉1块、葱1段、姜1块、香葱2根、油豆腐20块、八角2颗

调料：油1小勺、啤酒半碗、生抽1小勺、白糖1大勺

调味汁料：大酱1大勺、豆瓣酱1大勺、老抽1大勺、料酒1大勺

1 小时 20 分钟　高级　2 人

油豆腐烧肉怎样做才肉肥而不腻?

处理油豆腐的时候，可用手撕开一个小口，这样能使油豆腐很好地入味；五花肉要先用冷水焯一下，去肉腥，炒的时候先放一点儿油，可使五花肉更快出油，防止粘锅的事情发生，同时吃起来肥而不腻。

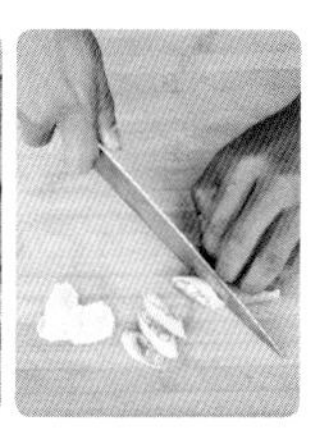

1. 五花肉洗净，切成小块；葱洗净，切片；姜洗净、去皮，切片；香葱洗净，切段，备用。

2. 锅中倒入清水，大火烧开后，下成块的五花肉焯一下，焯出血沫后捞出。

3. 将油豆腐切块。

4. 将大酱、豆瓣酱、老抽、料酒放入小碗中，加清水搅拌均匀，备用。

5. 锅中倒油，待烧热后下葱、姜及八角爆香，再下五花肉翻炒。

6. 肉变色并出一部分油后，下油豆腐翻炒约1分钟。

7. 将调好的汁料倒入锅中，与五花肉和油豆腐翻炒均匀。

8. 倒入啤酒，继续翻炒均匀后，放入生抽和白糖调味，大火烧开。

9. 烧开后转小火，加盖焖1小时，掀开锅盖，略微翻炒出锅盛盘，撒香葱即可。

千张结红烧肉

材料： 三层五花肉1块、香葱2根、葱1段、千张5张

调料： 油1小勺、老抽1小勺、盐2小勺、白糖1小勺

香辛料： 桂皮1块、八角2颗、香叶3片、草果2颗

制作方法

1 五花肉洗净，切块，焯水；香葱洗净，切末，备用。

2 葱洗净，斜切成小段；千张洗净，滗干水分，切成长条，打结备用。

3 锅里倒油，烧热后下五花肉和葱段翻炒。

4 五花肉开始出油并变色后，放入老抽，翻炒至肉块上色。

5 锅中倒入清水，然后放入桂皮、八角、香叶、草果，大火烧开。

6 转小火，加盖炖制约30分钟。

7 掀开锅盖，倒入千张结，并翻炒均匀。

8 加盖继续炖制约10分钟后，放入盐、白糖调味，继续加盖炖制约10分钟。

9 掀开锅盖，略微翻炒一下，转大火收汁，出锅盛盘，撒上香葱末即可享用。

炒五花肉之前，锅中先下油，可使五花肉在炒的时候不粘锅，
更快出油，也更容易锁住其香味。
放入千张结后，在继续炖制的过程中，可加入白糖调味，
这样炖制出的肉和千张结更味香醇厚。

“冻豆腐中丰富的大豆卵磷脂有益于神经、大脑的生长发育，
可补充脑力，有健脑提神的功效。
冻豆腐在冷冻过程中，会生成一种酸性物质，
可破坏人体的脂肪，有利于脂肪排泄，帮助代谢脂肪。”

红烧冻豆腐

材料： 冻豆腐2块、里脊肉1块、姜1块、香葱2根、蒜3瓣、葱2段、红椒2个

调料： 淀粉1小勺、油1大勺、白糖1小勺、生抽1小勺、料酒1勺、盐1小勺、蚝油1小勺

红烧冻豆腐怎样做才能鲜香浓郁?

要使红烧冻豆腐鲜香浓郁，加入里脊肉很重要。里脊肉鲜嫩味美，与冻豆腐同炒，肉香与豆香互相融合，可增加鲜香度。加水炖煮时，水不宜过多，冻豆腐本身也会出水，水太多会影响味道的浓郁度。

制作方法

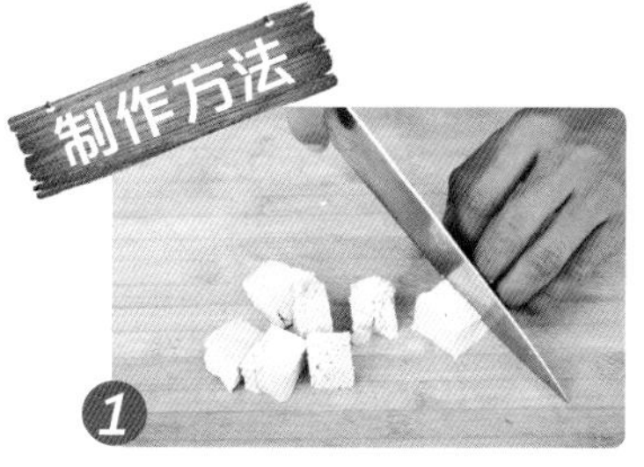

1 冻豆腐用清水冲洗干净，滗干水分后，切成2厘米见方的小块，备用。

2 里脊肉洗净，切成薄片，备用。

3 里脊肉片中加入淀粉，用手拌匀。

4 姜和香葱洗净，切末；蒜剥皮，切末；葱洗净，切小段，红椒滚刀切小段。

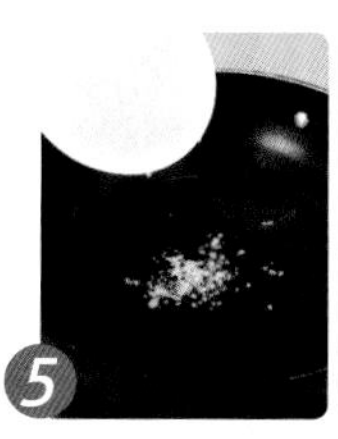

5 锅中倒入油，待烧热后下姜、葱、蒜爆香。

6 倒入肉片翻炒至发白后，放入白糖、生抽、料酒调味，继续翻炒约1分钟。

7 下冻豆腐块翻炒约1分钟后，放盐调味，并倒入半碗开水，加盖炖煮10分钟。

8 掀开锅盖，放蚝油调味，大火快炒均匀。

9 撒上香葱末，即可出锅。

毛豆焖童子鸡

材料：童子鸡1只、葱1根、姜1块、蒜3瓣、红椒2个、毛豆1碗

调料：油1大勺、料酒1大勺、盐1小勺、生抽1大勺、白糖1小勺、香油1小勺、蚝油1小勺

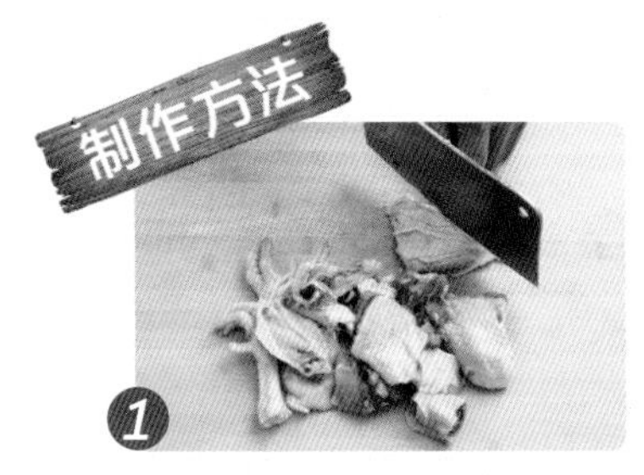

1. 童子鸡洗净，去除内脏，并用刀斩切成块，备用。

2. 葱洗净，切段；姜洗净、去皮，切末；蒜剥皮、洗净，切末；红椒滚刀切段，备用。

3. 锅中倒入油，待烧热后下葱、姜、蒜爆香。

4. 倒入童子鸡块，翻炒至鸡块变色，然后倒入毛豆粒，一起煸炒约1分钟。

5. 放入料酒、盐、生抽、白糖调味，加1碗清水，翻炒均匀后，小火焖煮20分钟。

6. 待鸡块变酥后，加入红椒，淋入香油、蚝油调味，大火翻炒均匀后即可出锅。

毛豆焖童子鸡怎样做才能酥爽味美?

毛豆与童子鸡都要先翻炒，以使香味溢出。焖煮过程中，加入的料酒可加强这道菜的鲜美度，使其带上淡淡的酒香。焖煮的时间不宜太长，否则会使鸡块和毛豆过烂，失去酥爽的口感。

毛豆中含有丰富的食物纤维，可有效促进胃肠蠕动，
帮助体内废物排出，改善便秘。
童子鸡中富含蛋白质和磷酸，且肉里的弹性结缔组织很少，
更能被人体的消化器官所吸收，对增强体力有良好的功效。

40 分钟  高级  3 人

油渣炒四季豆

材料： 四季豆1把、红线椒4个、蒜3瓣、干辣椒2个、猪肥肉1块、姜3片

调料： 油4大勺、盐1小勺、醋1小勺、老干妈辣酱0.5大勺、白胡椒粉0.5小勺

制作方法

1 四季豆洗净，将两头的尖端掐掉，撕去老筋。

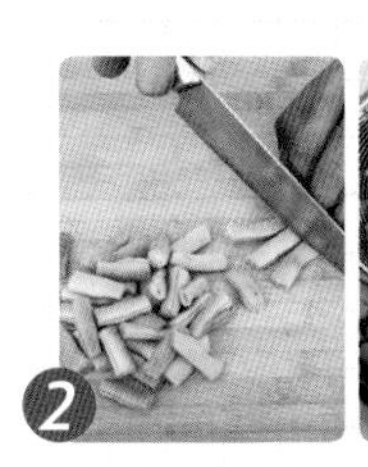

2 将处理好的四季豆切成2cm的段，放入滚水中焯烫2分钟，捞出备用。

3 红线椒洗净，切段；蒜用刀拍扁、去皮；干辣椒掰成段后泡水，备用。

4 猪肥肉洗净，切成片，备用。

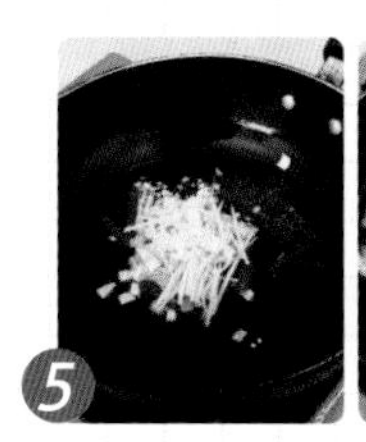

5 锅中倒入4大勺油，放入姜片和肥肉片，小火炒至肥肉微焦。

6 接着放入红线椒段、干辣椒段和蒜，继续煸香。

7 然后放入焯过的四季豆，翻炒均匀。

8 再加入盐、醋、老干妈辣酱调味，继续翻炒至熟。

9 最后，临出锅前加入白胡椒粉提味，炒匀后即可出锅。

“四季豆中含有丰富的蛋白质以及多种氨基酸，
经常食用可以强胃健脾，有增进食欲的作用。
食用四季豆对肌肤也大有好处，可以提高肌肤新陈代谢的速度，
促进机体本身的排毒，让肌肤细腻有光泽。”

40分钟　高级　[illegible]人

扁豆焖面

材料： 扁豆1把、腊肠2根、葱1段、姜1块、蒜3瓣、面条1把（约150g）

调料： 油1大勺、盐0.5小勺、生抽1大勺、老抽0.5小勺、蚝油0.5大勺、白糖1小勺、白胡椒粉1小勺

30 分钟　初级　1 人

扁豆焖面怎么做才鲜香滑爽?

扁豆选择鲜嫩、水分大的，这样在焖的时候不容易被焖煳。焖面的水不宜过多，没过食材即可，可最大程度保留扁豆和腊肠的香味；而面条在焖制 5 分钟后，转圈浇上备用的汤汁，可使面条更加鲜香可口。

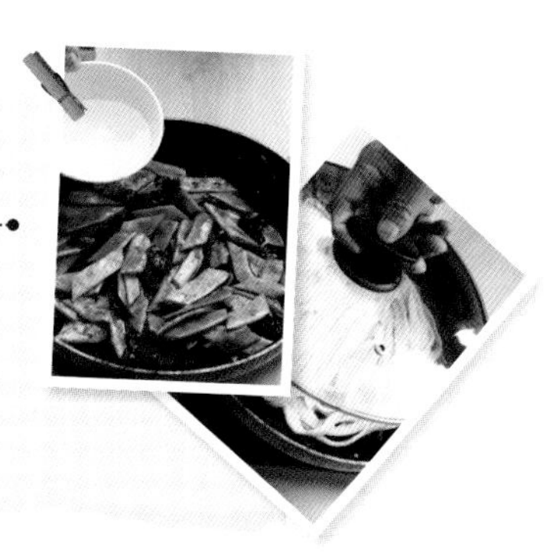

制作方法

1 扁豆撕去老筋，洗净，斜切成3cm左右的段；腊肠切片，备用。

2 葱洗净，切末；姜、蒜去皮、洗净，切末，备用。

3 锅中倒油，下葱、姜、蒜，中火爆香，然后放入腊肠片煸炒出油。

4 放入扁豆，翻炒至断生，加盐、生抽、老抽、蚝油、白糖，翻炒均匀。

5 再倒入清水，没过扁豆，大火烧开后再炖3分钟。

6 将部分汤汁舀出，倒入碗中备用。

7 将面条均匀铺在扁豆上，盖上锅盖，改小火焖制5分钟。

8 将备用的汤汁沿着锅边转圈倒入，盖上锅盖继续焖制约8分钟，直至汤汁收干。

9 倒入白胡椒粉，翻炒均匀后关火，然后放入蒜末，拌匀后即可出锅装盘。

醇香浓郁
——蒸煮卤豆料理

素淡馨香的红豆糕，
甜蜜细滑的蜜豆甜豆花，清爽宜人的百合莲子绿豆粥，
浓厚绵润的红枣黑豆肉骨汤，
豆包容了甜味和咸味，变得醇厚悠长、滋味动人。

蜜豆甜豆花

红豆要用清水浸泡后再煮，这样更易熬烂，味道也更香浓。

“红豆营养丰富，特别是其中所含的铁质很高，
具有很好的补血活血功能。红豆中还含有皂角化合物，
除了可以预防便秘外，还可以解毒、催吐，
对于清除人体内沉积的热毒之气，有较为显著的作用。”

红豆糕

材料： 红豆半碗、粘米半碗、糯米粉1碗、澄粉1/3碗、温水半碗

调料： 白糖1碗、油3大勺、蜂蜜2小勺

红豆糕怎么做才能香浓软糯？

把红豆水、红豆和白糖混合，加入 3 大勺油拌匀。和粉团时，一边加一边搅拌，待觉得有阻力后即可停止放水，这样蒸出来的糕体湿度刚刚好，有软糯的口感。

1. 红豆洗净，浸泡一夜后放入煮锅内，加水煮滚，转小火再煮1小时。

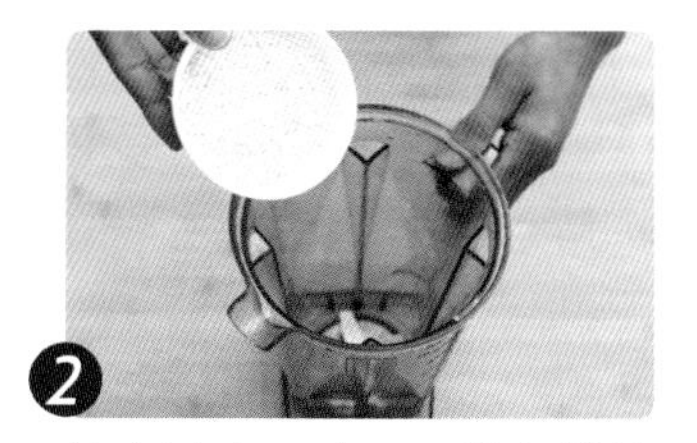

2. 粘米洗净、晾干，放入搅拌机中搅打成粘米粉。

3. 将粘米粉、糯米粉、澄粉混合放入碗中，加入温水，调成粉浆，备用。

4. 红豆煮好后关火，将红豆盛入碗中，留出半碗煮红豆水。

5. 把红豆水、红豆和白糖混合，加入3大勺油拌匀。

6. 将做好的粉浆缓缓倒入红豆中，搅拌均匀。

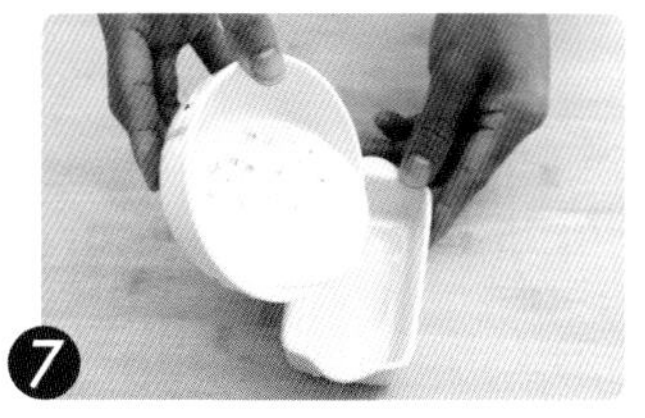

7. 取出模具，在模具表面抹油，倒入混合好的材料。

8. 在模具上覆盖保鲜膜，然后放入蒸锅，大火蒸30分钟。

9. 蒸好后取出模具，放入冰箱冷藏，待红豆糕冷却后切块，淋上蜂蜜食用即可。

蜜豆甜豆花

材料：黄豆1碗、红豆半碗

调料：石膏粉1大勺、蜂蜜1大勺

蜜豆甜豆花怎样做才能香甜可口？

黄豆和红豆都要事先用清水浸泡，让其吸饱水分，做出来味道会更香浓。煮豆浆时，要过滤两遍，这样可以更好地保住黄豆的醇香；做豆花时，讲求快冲快盖，这样做出来的豆花就会非常嫩滑可口。

“黄豆中所含的黄豆异黄酮是一种植物性雌激素，
可以延缓细胞衰老，减少骨质流失，使皮肤光滑润泽；
黄豆中还含有一种抑制胰酶的物质，可抵制体重增加。
而红豆有消水肿的功效，常食可去水肿。”

1 黄豆、红豆分别洗净，在清水中分别浸泡4个小时以上。

2 将浸泡好的黄豆和水放入料理机中，打成豆浆。

3 把打好的豆浆倒入布袋中，过滤出第一道豆浆后，再放入布袋中，过滤第二道。

4 将过滤后的豆浆倒入锅中，撇去浮沫，大火开煮，一边煮一边搅拌。

5 豆浆第一次煮开后，将多余的浮沫再次撇去，继续大火烧开。

6 取石膏粉，用半碗凉开水兑开，搅拌均匀，倒入大碗中。

7 将豆浆从1尺高处快速冲进装有石膏水的大碗中，并立刻盖上，15分钟后即成豆花。

8 将浸泡好的红豆放入高压锅中焖至软烂后，和入蜂蜜搅拌均匀，即成蜜豆。

9 将做好的蜜豆放入豆花中，即可享用。

百合莲子绿豆粥

材料：莲子2大勺、干百合2大勺、枸杞0.5大勺、绿豆半碗、大米3大勺

调料：冰糖2大勺

制作方法

1. 莲子、干百合、枸杞放入水中泡软，备用。

2. 将泡开的莲子中的苦芯去掉，以免影响食用口感。

3. 绿豆放入热水中，浸泡20分钟，备用。

4. 锅中加水煮沸，放入大米、绿豆，再次煮沸后，转小火煮30分钟。

5. 然后放入泡好的莲子、百合、冰糖，继续煮10分钟。

6. 最后，撒入枸杞，煮至冰糖融化，即可盛出。

百合莲子绿豆粥怎么做才绵软爽口？

煮绿豆粥时，若想把绿豆煮至开花，事先要用热水浸泡绿豆，这样煮出的绿豆会很快酥烂开花；莲子和百合的口感清脆，若是想吃到脆脆的莲子百合，就不要过早放入锅中，以免煮太久而使口感尽失。

绿豆性味寒冷，消暑清热，具有清除肌肤毒素的作用，
对痘痘有一定的缓和作用；
百合、莲子具有清心、安神的作用，百合还具有养阴润肺的止咳功效，
常吃百合对燥热引发的咳嗽有较好的改善作用。

1 小时　初级　2 人

桂圆红豆紫米粥

材料：紫米半碗、红豆1小把、枸杞1小把、桂圆10个、 莲子5颗 、葡萄干1小把

调料：冰糖1小勺

桂圆红豆紫米粥怎么做才更香糯滑爽？

紫米和红豆在熬煮之前要先浸泡半小时以上，有条件的可以浸泡一整晚。浸泡后的紫米和红豆更易煮烂，获得更为香糯的口感。砂锅有良好的保温性，且有一种特殊的味道，用来熬粥再适宜不过。

制作方法

1 紫米洗净，在清水中浸泡半小时以上。

2 红豆、枸杞洗净，在清水中浸泡半小时以上。

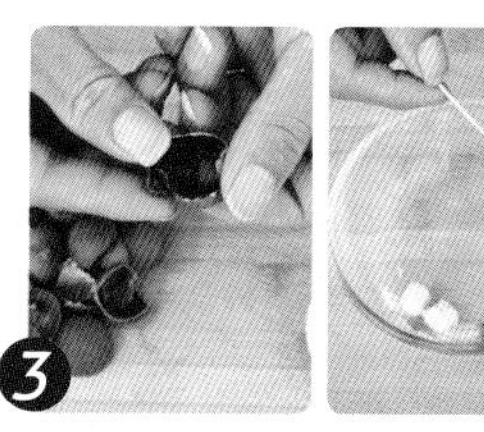

3 桂圆、莲子去皮，去苦心备用。

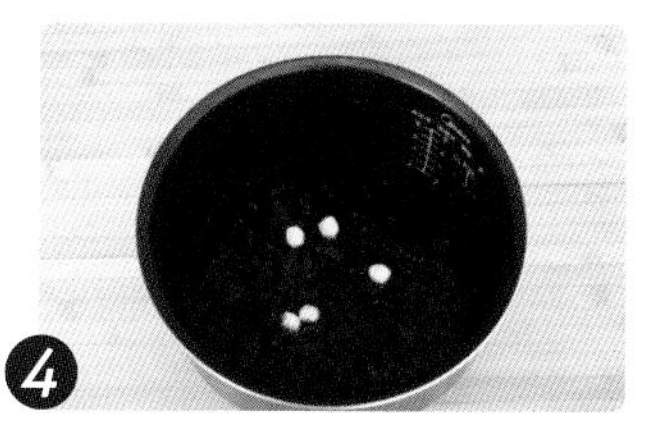

4 将浸泡好的紫米和红豆放入砂锅中。

5 加入适量清水，加入开大火，煮开。

6 煮开后放入去皮后的桂圆。

7 大火继续熬开后，加盖转小火，继续慢熬40分钟。

8 开盖，加入冰糖，搅拌均匀。

9 加入枸杞和干净的葡萄干，加盖，继续小火慢熬10分钟即可。

红枣黑豆肉骨汤

材料： 干红枣10颗、黑豆半碗、枸杞1大勺、薏米2大勺、猪腔骨4大块、清水6碗、葱5段、姜5片、黄芪5片

调料： 料酒1大勺、盐1.5小勺、白糖1小勺、胡椒粉0.5小勺

制作方法

1. 干红枣、黑豆、枸杞、薏米分别洗净，浸泡10分钟。

2. 腔骨泡入清水，血水泡出后，洗净、焯水，撇去浮沫，捞出、洗净，滗干。

3. 砂锅中倒入6碗清水，放入猪腔骨块、葱姜、黑豆、薏米，大火加热。

4. 煮开后，放入干红枣、黄芪，转中火焖煮1.5小时。

5. 之后再加料酒，小火煮10分钟，把猪排骨块煮至烂熟，黑豆煮至绵软黏稠。

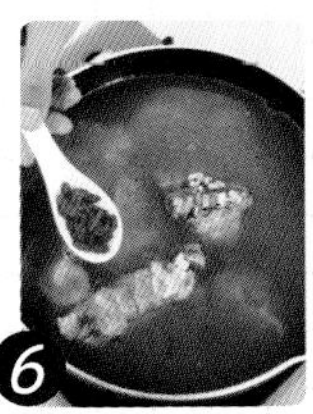

6. 将浸泡过的枸杞撒入锅内，再煮5分钟，加盐、白糖、胡椒粉调味，拌匀即可。

红枣黑豆肉骨汤怎么做才肉香豆软？

此汤中的黑豆必须吃起来绵软顺口，但黑豆和薏米都是不容易熟的食材，所以需要将黑豆、薏米预先泡水，这样再经过炖煮，二者才更易软烂；排骨虽然易熟，但久煮一会儿可以使肉香质释出，使煮出的汤更香醇。

2 小时
中级
3 人

“豌豆富含膳食纤维，可以帮助清理大肠内残余废物。
豌豆中所含的大量镁及叶绿素，有助于体内毒素的排出。
豌豆中还含有大量被称为‘精神维生素’的维生素 B_1，
能防止精神焦虑，具有宁神静气的功效。”

豌豆猪骨粥

材料： 豌豆粒1碗、大米半碗、排骨10块、姜3片、葱4段

调料： 料酒1小勺、白醋1小勺、盐1小勺

豌豆猪骨粥怎么做才更加营养?

在粥里加1小勺白醋，可以增加大米的香味，更重要的是，可以更好地释放出排骨中所含的营养，也能使肉质更加鲜美。豌豆粒很易熟烂，不宜放得太早，否则就不能吃到完整的豌豆粒了。

制作方法

豌豆粒洗净，滗干水分备用。

大米洗净，在煮锅中加水浸泡10分钟后，大火煮开，然后转小火加盖焖煮。

排骨洗净，备用。

炒锅中加水，放姜、葱、料酒，大火煮开。

将洗净的排骨放入沸水中焯烫熟，捞出后放入正在煮的粥中。

用勺子将排骨与粥搅拌均匀后，加入1小勺白醋，加盖继续焖煮。

闻到肉的香味飘出来时，开盖，先搅拌一下。

倒入洗净的豌豆粒，加盐，搅拌均匀。

加盖，再小火焖煮约15分钟即可。

砂锅冻豆腐

材料：葱1根、姜1块、香菜2根、冻豆腐2块、娃娃菜1棵、胡萝卜半根、海米1大勺、高汤1碗、粉丝1把

调料：料酒1大勺、油5大勺、盐1小勺、胡椒粉1小勺

“冻豆腐营养丰富，其中的大豆蛋白可以恰到好处地降低血脂，保护血管细胞，降低心血管疾病风险。用砂锅来煮焖冻豆腐，可使食物中的大分子营养物质分解成小分子，更易被人体吸收。”

葱洗净，切段；姜洗净，切片；香菜择好、洗净，切段，备用。

冻豆腐化冻，切块；娃娃菜掰开、洗净；胡萝卜切块；海米放入料酒中浸泡。

锅中倒油，烧热后下冻豆腐炸2分钟，盛出。

锅中留少许底油，放入葱段、姜片、海米，小火炒出香味。

倒入高汤，依次放入娃娃菜、胡萝卜、冻豆腐、粉丝，大火烧开后倒入砂锅，小火煮15分钟。

然后加盐、胡椒粉调味，撒入香菜段，即可出锅装盘。

砂锅冻豆腐怎样做才能酥脆鲜香？

冻豆腐要在热油中小炸一会儿，将表皮炸酥，以增加酥脆口感。干海米有腥味，用料酒浸泡后再入锅爆香，可以去除腥味，然后与葱、姜、娃娃菜慢炖后，可使汤汁更加鲜美，使冻豆腐入味后风味更佳。

三色豆腐脑

材料： 黄豆1碗、皮蛋1个、榨菜半个、香葱2根

调料： 内酯1小勺、石膏1小勺、香油1小勺、生抽1小勺

制作方法

1. 黄豆洗净，在清水中浸泡4个小时以上。

2. 将浸泡好的黄豆和2碗清水放入豆浆机中，打成豆浆。

3. 把打好的豆浆用纱布过滤2次，滤除豆渣。

4. 将过滤后的豆浆倒入锅中，大火开煮，边煮边搅拌，待第一次煮开后，撇去浮沫，继续大火烧开。

5. 取内酯和石膏，用1大勺清水兑开，搅拌均匀。

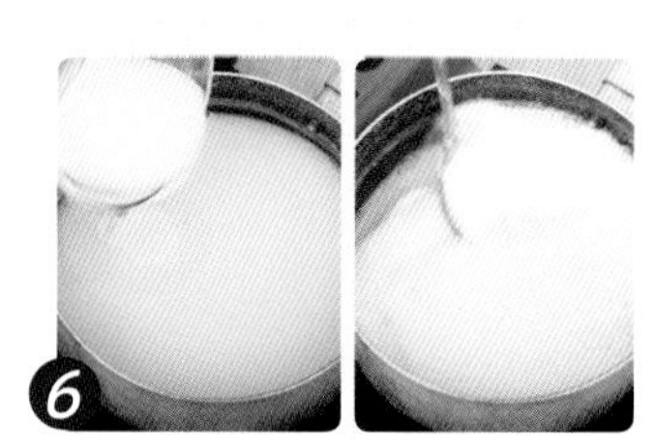

6. 关火，豆浆温度降到85℃左右时倒入内酯水，并用勺从上到下快速翻匀。

7. 盖上锅盖，保持温度，15分钟左右即凝固成豆腐脑，盛出。

8. 皮蛋剥皮去壳，切成小丁；榨菜与香葱洗净，滗干水分，切末，备用。

9. 将皮蛋丁、榨菜末放入豆腐脑中，淋上香油和生抽，撒上香葱即可享用。

"
煮豆浆前，先将其过滤两遍，可最大限度锁住黄豆的醇香；
做豆腐脑时，豆浆和内酯水混合后要快速翻匀，
以确保凝固后的豆腐脑香嫩滑爽。
榨菜由于较咸，不仅切末前要冲洗，切末后也要用清水再过两遍，
以去除多余的咸味。

1 小时　高级　2 人

豆浆鸡火锅

材料： 葱1段、姜1块、蒜3瓣、香葱2根、蟹味菇1把、香菇5朵、平菇1片、北豆腐1块、鸡腿1只、红椒2个、原味豆浆4碗

调料： 料酒1大勺、盐4小勺、生抽1大勺、豆瓣酱0.5大勺、白糖1小勺

葱、姜均洗净，切片；蒜去皮，切末；香葱洗净，切成葱花。

蟹味菇洗净，掰开；香菇洗净，对半切开；平菇洗净，撕成小条；北豆腐洗净，切成小块。

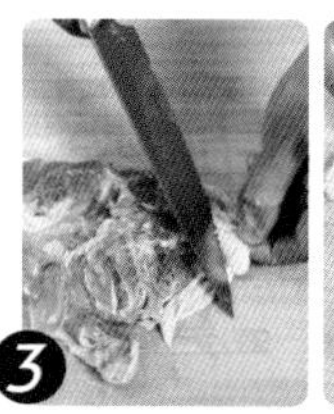

鸡腿洗净，剔除鸡骨，去除多余的脂肪，将鸡腿肉对半切开。

锅内放入鸡腿肉、葱姜片，倒入2碗清水，大火煮沸。

煮沸后，去除浮沫，加料酒、1小勺盐，转中火，继续煮10分钟关火。

待汤汁变凉后将鸡肉取出，用手撕成可入口的大小。

用漏勺将煮好的鸡汤倒入砂锅里，放入红椒，中火加热，鸡汤煮沸前，加入原味豆浆，转小火加入其余盐。

放入豆腐和蟹味菇、香菇、平菇，煮4分钟，再加入撕好的鸡肉。

最后，根据个人口味放入蒜末、葱花、生抽、豆瓣酱、白糖，即可涮菜。

制作豆浆鸡火锅时，
关键在于倒入豆浆后，一定要用小火煮，
否则会使豆浆凝固，甚至变成豆花，影响食用；
汤底熬好后，可以适量加入蒜末、葱花、生抽，
提升汤底味道，让味觉有新的体验。
30 分钟
中级
3 人

贺师傅天天美食系列

百变面点主食

作者◦赵立广 定价 /25.00

松软的馒头和包子、油酥的面饼、爽滑的面条、软糯的米饭……本书是一本介绍各种中式面点主食的菜谱书，步骤讲解详细明了，易懂易操作；图片精美，看一眼绝对让你馋涎欲滴，口水直流！

幸福营养早餐

作者◦赵立广 定价 /25.00

油条豆浆、虾饺菜粥、吐司咖啡……每天的早餐你都吃了什么？本书菜色丰富，有流行于大江南北的中式早点，也有风靡世界的西方早餐；不管你是忙碌的上班族、努力学习的学子，还是悠闲养生的老人，总有一款能满足你大清早饥饿的胃肠！

魔法百变米饭

作者◦赵之维 定价 /25.00

你还在一成不变地吃着盖浇饭吗？你还在为剩下的米饭而头疼吗？看过本书，这些烦恼一扫而光！本书用精美的图片和详细的图示教你怎样用剩米饭变出美味的米饭料理，炒饭、烩饭、焗烤饭，寿司、饭团、米汉堡，让我们与魔法百变米饭来一场美丽的邂逅吧！

爽口凉拌菜

作者◦赵立广 定价 /25.00

老醋花生、皮蛋豆腐、蒜泥白肉、东北大拉皮……本书集合了各地不同风味的爽口凉拌菜，从经典的餐桌必点凉拌菜到各地的民间小吃凉拌菜，多方面讲解凉拌菜的制作方法，用精美的图片和易懂的步骤，让你一看就懂，一学就会！

活力蔬果汁

作者◦加 贝 定价 /25.00

你在家里自己做过蔬果汁吗？你知道有哪些蔬菜和水果可以搭配吗？本书即以最有效的蔬果汁饮法为出发点，让你用自己家的榨汁机就能做出各种营养蔬果汁，养颜减脂、强身健体……现在，你还在等什么？赶紧行动起来吧！